精工开物

首饰艺匠·花丝

彭星星 编著

江苏凤凰美术出版社

图书在版编目（CIP）数据

精工开物·首饰艺匠 . 花丝 / 彭星星编著 . -- 南京：
江苏凤凰美术出版社，2024.4
ISBN 978-7-5741-0859-2

Ⅰ.①精… Ⅱ.①彭… Ⅲ.①花丝镶嵌–首饰–制作
Ⅳ.① TS934.3

中国国家版本馆 CIP 数据核字（2023）第 025303 号

责任编辑　王左佐
装帧设计　焦莽莽
责任校对　孙剑博
责任监印　唐　虎

书　　名	精工开物·首饰艺匠. 花丝
编　　著	彭星星
出版发行	江苏凤凰美术出版社（南京市湖南路1号　邮编210009）
制　　版	南京新华丰制版有限公司
印　　刷	江苏凤凰盐城印刷有限公司
开　　本	889mm×1194mm　1/16
印　　张	6.25
版　　次	2024年4月第1版　2024年4月第1次印刷
标准书号	ISBN 978-7-5741-0859-2
定　　价	98.00元

营销部电话　025-68155675　营销部地址　南京市湖南路1号
江苏凤凰美术出版社图书凡印装错误可向承印厂调换

谈到手工艺，常常想到一个词"心手合一"，说的是手的感触和心灵是相通的，手能够表现出丰富的心灵感悟，如弹奏音乐的手、绘制绘画的手等。手工艺也是同理，人们的巧思妙想，通过手和技艺的配合，将普通的材料化为精致的花丝、细腻的瓷器、纹理多变的木纹金等巧夺天工的艺术。当我们欣赏手工艺人创作时，能够感受到他们娴熟的技法和对工具、材料的精准把握如入神境。我们也能充分感受到手工艺人在创作时，沉浸在一种忘我的境界里，那是一个"心手合一"的世界，心灵自由的世界。在21世纪的今天，人类生活越来越依赖电脑和网络，高科技在方便人们生活的同时，却在疏离人们的情感。传统手工艺的高情感价值，恰恰是对现代化高科技生活状态的弥补。

在古代，手工艺技法是手工艺人的看家本领，因为关于养家糊口，通常手工艺人对技艺的传授是十分保守的，不愿意轻易教人。甚至在收徒时有意做出很多限制或使其神秘化，如传男不传女、传长不传幼、学徒要做几年杂役，以及在开工、关键工序、收工、节日等进行各种祭拜活动。这些限制虽然在一定程度上保障了手工艺人的利益，但是也限制了手工艺技法的传承和传播，有些手工艺技法也因此而失传。现代社会大可不必如此，应该让更多的人来创作手工艺作品，因为这也是传承传统文化的一部分。当然，手工艺对普通人来说有一定的技术门槛。虽然很多人喜欢它，但是苦于不知道如何入手，而不得不放弃。

目前市面上介绍手工艺的书也有很多，有从传统文化的角度介绍的；有从手工艺设计理论角度介绍的；有从作品欣赏角度介绍的；也有从工艺技法角度介绍的，但是这些大都比较理论化，普通人要学习和掌握还有一定的难度。《精工开物》这套书，立足于做一套手工艺的实用技法书，一本书介绍一种技法，将每本书分为四个部分，即基本常识介绍、工具与材料、工艺技法介绍、优秀作品赏析。基本常识介绍主要是对技法的历史和美学价值作简要的梳理；工具与材料部分主要介绍：技法要使用的工具、种类和功能，材料的种类、规格，如何准备材料，备料的各种加工数据、方法等；工艺技法是书的主体部分，也是本套书最有特色的部分，按照实践制作的视角，从简单到复杂的制作示范案例，每个案例都细化每个步骤，包括使用什么工具、材料处理、工艺要点等，完全可以按图施工完成作品；书中的案例作品，都经过精挑细选，非常适合在日常生活中使用，学完就会做；优秀作品赏析部分，主要是为了提高读者对工艺的欣赏水平，帮助读者对工艺有更好的理解，为以后进一步的提升做一些准备。

手工艺有着独特的文化内涵、美学特征。手工艺是民族文化的宝藏，可以充实和丰富我们的思想情感与修养。手工艺心手合一的工艺表现，具备一种我们生存与共的温柔，有着直达我们内心的美。希望这套书能够给读者带来助力，帮助大家创作出美的作品。

郑 静

花丝技艺是一门传统的宫廷手工技艺，作为国家级非物质文化遗产技艺，而今花丝技艺的发展遇到了很多瓶颈，技艺的传承受到一定的阻碍，这项传统技艺因多方因素已慢慢淡出我们的视线。在这样的背景之下，对传统工艺的传承与发展日益紧迫。大多数人对花丝技艺的初印象一定是高端奢华、精致繁复，是一件可望而不可即的奢侈品，但实际上，花丝技艺的魅力不仅仅是因其材质的高昂、复杂花丝样的堆叠、制作的时长等等，它还有更多的可能性值得各位设计师和爱好者们去开拓。本书希望更多的人认识和了解花丝技艺，巧妙地运用花丝技艺融入产品的开发设计，使其恢复往日的光彩。

本书是一本知识性和实用性于一体的工具书，全书主要包含四个部分的内容，第一章对传统花丝技艺各个阶段的发展做简要介绍，通过历史回顾了解传统花丝技艺演变过程及特点。第二章主要介绍花丝技艺中所涉及的各类工具、材料及设备，引导读者做好前期准备工作。这一章节也着重讲解花丝技艺中常见的几种花丝样及其制作方法，并配以相应的流程步骤图，让读者能够直观了解基础技法的操作，以及花丝技艺中八种主要技艺手法：掐、填、攒、焊、堆、垒、织、编的详细描述。第三章列举了四个花丝

技艺应用的实践案例，将前面的基础理论知识指导化为实操练习，这四个实例的难易程度由浅入深，从平面造型到半立体造型的过渡变化，使读者能够学以致用。当然，仅凭这四个案例的分享，并不足以将花丝技艺的所有内容得以展现，希望读者结合前面的基础技法多加练习，将花丝技艺的技法融会贯通、灵活运用。第四章则分享了当代花丝技艺的优秀作品，看到花丝技艺更多的可能性。花丝技艺是一项精细活，一件好的作品一定是设计与制作相辅相成的。希望读者能够巧妙运用花丝技艺的各种技法，结合独特的设计语言，做出别具一格的作品。

编写本书的过程中，受到各位同行的支持和帮助，感谢我的恩师郑静教授一路的教导与鼓励，感谢中国工艺美术大师李正云老师花丝技艺的传承与教授，感谢为本书提供优秀作品的各位艺术家和设计师。

如切如磋，如琢如磨。本人能力有限，才疏学浅，编著过程中有所疏漏及不妥之处，诚望各位读者批评和指正，提出宝贵意见！

彭星星

目 录

第一章

花丝技艺概述

第一节　花丝技艺简介

花丝镶嵌是我国历史悠久的传统工艺之一，与玉雕、牙雕、景泰蓝、雕漆、金漆镶嵌、宫毯、京绣几大艺术门类有"燕京八绝"之称。花丝镶嵌属于金银细金工艺，是集合了花丝、镶嵌、錾刻、锤揲、点翠、珐琅、镀金等多门类技术的金属技艺。其中花丝技艺与镶嵌技艺是主要技艺，以金、银、各类天然名贵宝石为主要原料，尽显雍容华贵之气质，故花丝镶嵌制品深受历代帝王、贵族所青睐。2008年花丝镶嵌正式列入第二批国家级非物质文化遗产名录。

花丝技艺是花丝镶嵌工艺中的核心技艺，使用拉丝板将金、银等贵金属拉成细丝，通过两股或多股细丝花样编织。运用掐、填、攒、焊、堆、垒、织、编八大花丝技法，制成艺术品或实用器制。已有3000多年历史的花丝镶嵌在各个时期的发展都独具特色，历史悠久、源远流长，彰显出不同的民族文化及时代特征。

第二节　花丝技艺的历史文化渊源

花丝技艺起源于古埃及，我国的花丝技艺最早可见于商周时期，这个时期多以青铜制品为主要生活器皿或战争中的用品，对金银器的开发较少。但在此期间却磨练了高超的冶炼浇铸技术及雕琢刻花技术，为金银细金工艺的萌芽阶段，也为后来的细金工艺奠定了坚实的基础。此后，古人对黄金的制造工艺逐渐熟悉，充分利用了金属良好的延展性、柔软性、抗腐蚀性等性能，拉丝、镂空、锤揲、金银错、炸珠等工艺技术也应运而生，其中金银错工艺即为花丝技艺的早期启蒙技术。

通过一系列的考古，从商周时期手工制作的金臂钏、金耳环可以看出，古人已可以通过金属的延展性来制作一些丝状及片状的首饰。如1977年于北京平谷县刘家河商墓出土的金臂钏（图1），其总长度可至39厘米、直径约为0.3厘米。以及在四川成都金沙遗址出土的一批商周时期的金器，有金带、金面具、盒形器等多种以金箔和金片为主的制品，其厚度可至0.2毫米～0.3毫米之间，最大限度发挥了黄金的材料特性，由此可见，商周时期的工匠对黄金制作工艺已掌握了基本的认识。1979年5月于内蒙古准格尔旗西沟畔二号匈奴墓出土的金耳坠（图2），耳饰基本是由金丝绕制而成，耳环下端焊接有小环，两个耳坠均由金丝叠绕成尖帽状后相连，其中一件中间穿有绿松石，体现不对称之美，极其精致。此耳环是放置在男性墓主人的头骨两侧，说明在战国时期匈奴男性亦佩戴耳饰，这对耳环的金丝制作工艺更接近于花丝技艺的基础。

图 1　金臂钏

图 2　金耳坠

于 2006 年甘肃省张家川墓地出土的金臂钏上装饰的正反花丝纹样是截止今日中国发现最早的麦穗丝。（图 3）1984 年于新疆乌拉泊水库墓地出土的金耳饰（图 4），此耳饰由金丝绕成耳环，焊接多个小环连接坠饰，其中几个大环是由金丝绕制，锥形小坠上焊有金珠粒，十分丰富精美。由此可以看出花丝技艺中花丝样技法的基本雏形，也从一个侧面反映了花丝技艺传入我国的路径。

商、周以及战国时期的工艺制品都以青铜器为主，金、银多是以辅助装饰形式出现。锤揲、花丝、镶嵌、鎏金、錾刻等技艺逐渐发展，而这些技艺的运用为早期花丝技艺的形成做了较好的铺垫。

汉代花丝镶嵌技艺逐渐成熟且多样化，帝王侯相们开始大量使用金银器。他们认为，"黄金成饮食器则益寿""金银成食器可得不死"，因此大大提升了金银器的产量。秦汉时期，朝廷已设有金银冶炼的专门机构，称为"工官"。至两汉时期，金银细金工艺又有了新突破——掐丝、炸珠、焊接等工艺脱颖而出。汉代纯金炸珠工艺的龙纹护心镜尤为引人注目（图 5、图 6），宽 6.3 厘米、重约 46 克。此作品外圈以镶嵌菱形绿松石为边框，内圈中心有一条龙纹穿梭其中，龙身焊有大小颗粒不均的金珠粒，龙背以大小渐变的金珠粒为装饰，极大加强其穿行的动态感。龙爪以金丝掐制，简易而生动。这件作品制作小巧精致、工艺复杂，是汉代金银细金工艺发展的代表作之一。

图 3　金臂钏

图 4　金耳饰

图 5　龙纹护心镜

图 6　龙纹护心镜

汉代所使用的金丝是从薄金片上剪出细金丝后拧结成条。焊珠技艺中金珠的制成方式有两种：一种是将金丝剪取成段，放于木炭上用细火烧制成珠粒状；第二种是将烧融的黄金水滴入温水中，使其自然形成大小不等的金珠粒。所得到的金珠进行大小尺寸的筛选分类，而后用白芨等其他配料调和成的胶水粘接到金属器具位置，用焊粉统一焊接即可。汉代的花丝技艺在制作工艺上形成了掐、填、攒、焊、编等一系列技法，丰富了花丝技艺的表现力，多种技法的结合使器物在造型、装饰图案和装饰手法上更加完美。如1975年从新疆焉耆县境内博格达沁古城出土的金制品金龙纹带扣（图7），长9.8厘米、宽6厘米、重48克。于薄金片上錾有1条大龙和7条小龙，龙纹、水纹均由细如发丝的掐丝金线焊接于浮雕之上，龙身环曲、虽静犹动，描绘出一幅群龙戏水的欢愉场景。金珠颗粒大小匀称，贴焊于掐丝边上，错落有致。红宝石、绿松石装点于龙身，熠熠生辉。该金制品采用錾刻、掐丝、镶嵌、金珠粒、拱丝、焊接等工艺于一体，乃汉代之精品，堪称绝世佳作！

东汉中山穆王刘畅墓出土的金制品，有掐丝镶嵌天禄、辟邪、金羊群、金龙等文物，其中掐丝镶嵌天禄与辟邪（图8）最具代表性。掐丝镶嵌辟邪高3.3厘米、长3.7厘米、重9.7克；掐丝镶嵌天禄高3.1厘米、长3.9厘米、重8.4克；底托为一片长5厘米、宽2厘米的錾刻流云纹金片。两兽尽显昂首长啸之状，气势恢宏。两件作品所采用的制作工艺几近相似，充分结合了掐丝、镶嵌、錾刻和金珠粒等工艺，二者身躯均由金片锻造成形，作为底胎，以掐丝花纹装饰，金珠粒布满全身，并镶嵌有绿松石和红玛瑙。整体造型生动，精湛的工艺与雄壮威武之气势相得益彰，体现出东汉时期的花丝镶嵌制作工艺已逐渐稳步发展。

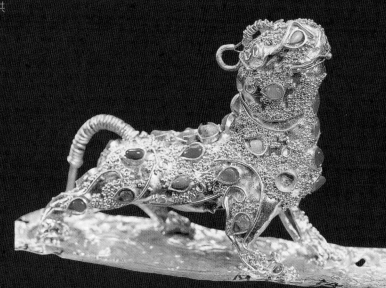

图8 掐丝镶嵌天禄

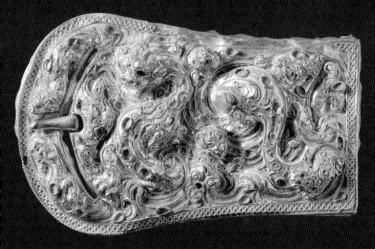

图7 金龙纹带扣

盛唐时期社会繁荣、万国来朝，唐代的花丝镶嵌作品不但华贵精美，还吸收了很多外来文化的元素。此时女性开放而自信，华冠丽服，花丝技艺也被广泛地运用到首饰制作上。如西安市出土的隋代李静训墓中的嵌珍珠宝石金项链（图9、图10），这件项链是目前国内考古项链中最为精美的一件。链长43厘米、链重97.5克，项链中心镶嵌一块光洁透红的鸡血石，虽在地下已藏埋千年，却丝毫不掩其鲜艳色彩，鸡血石四周嵌有24颗珍珠。坠饰镶嵌一块极为罕见的青金石，长达3.1厘米。链条由28颗球形金珠及五件嵌饰组成，每个链珠上都嵌有10颗珍珠，做工十分精致。洁白的珍珠、鲜红的鸡血石，配上极为罕见的青金石，在金色的烘托下，珠光宝气、纷华靡丽。

图 10　嵌珍珠宝石金项链

图 9　嵌珍珠宝石金项链

唐代设有专门制作金银器的手工作坊，这一时期的花丝镶嵌作品不仅体现出较好的技术价值还具备较高的审美价值。唐中晚期建设了文思院，所有的能工巧匠齐聚一堂，相互竞技、相互学习，促使花丝技艺不断演进。据《新唐书·百官志》中所描述，"细镂之工，教以四年"，花丝技艺已经相当成熟，做出的首饰即使以现在的眼光看待，也会令人击节赞叹。晚唐时期花丝编织技艺制品中最具代表性的作品，当属陕西扶风法门寺地宫出土的金银丝结条笼子（图11），此器物是皇室茶具中的烘焙器。主体以金银丝编织而成，编织丝线粗细均匀，网眼大小一致。上有盖，下有足，笼体两侧系有提梁，制作严谨有序，极尽奇巧细致，精美绝伦。

明清时期的花丝技艺已达到炉火纯青的境界。在表现技法上，可谓集历代之大成，尽显首饰别致精巧的艺术风格。不同于唐宋时期的作品风格，明清两代的作品富有雍容华贵之气质，无不象征着地位、权势及高贵，充满着宫廷式装饰风格。

图 11　金银丝结条笼子

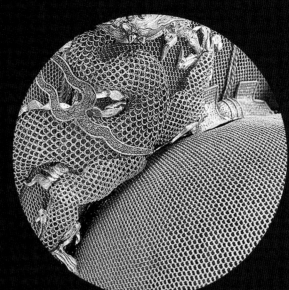

图 13　金丝蟠龙翼善冠

图 12　金丝蟠龙翼善冠

中国花丝技艺的典范之作，为北京定陵出土的明代万历皇帝的"金丝蟠龙翼善冠"（图12、图13），简直是把价值连城的不动产直接变成动产戴在头上。冠高24厘米、宽17.5厘米、总重826克，分"前屋""后山"和"金折角"三部分。整个金冠用518根直径为0.2厘米的细金丝编织而成，均匀、细密，透薄如纱、薄如蝉翼，无接头、无断丝。冠的主体采用"灯笼空儿"花纹编制而成，冠上有二龙，龙身、细鳞由掐丝、垒丝、码丝、焊烧工艺制作，其中龙鳞共8400片。龙头、龙爪、背鳍及圆形火珠均采用錾刻技艺，生动且不失威严。焊接是此皇冠最具挑战性的一步，焊接过程中如有一点闪失，整件作品终将前功尽弃。虽运用了焊接工艺，却丝毫不见焊口痕迹，"天衣无缝"，不愧为万历皇帝生前最为心爱之物。

　　为供宫廷所需的各类金银器，明代专门设立有"银作局"作坊机构，清代设立了"造办处"。明清两代的金银器为得到皇家赏识，可不计成本、不计工时，精工细作，使用了大量的花丝、镶嵌技艺，将工艺做到极致，由此助推了花丝技艺的发展。如明代纯金龙凤纹花丝皇冠（图14、图15、图16），冠高10厘米、直径12厘米、重345克，该冠由冠圈、冠盖、舌几个部分组成，冠底呈圆形，饰镂空的古钱纹。冠盖横筋左右各有一个小孔，孔内插有一根金簪，簪头为一龙头，此簪用于固定皇冠。冠的左右两侧装饰有数只展翅的凤凰，栩栩如生。冠前镶有一颗紫色宝石于太阳图形之中，极为精致淡雅。

图 14　纯金龙凤纹花丝皇冠

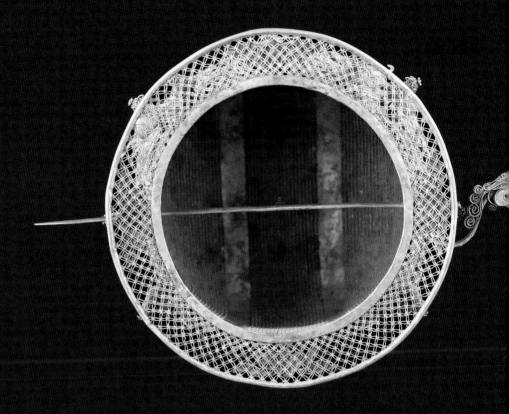

图 16　纯金龙凤纹花丝皇冠

图 15　纯金龙凤丝花丝皇冠

清代继续传承发展了中国历代传统花丝技艺，右图为一顶罕见的皇家妃子夏朝礼帽上的金丝凤凰王冠（图17），高14.6厘米。精致华美的凤凰由金丝编织而成，金丝凤凰栖息于大珍珠之上，且凤凰的前胸、翅膀及火焰般长尾上均装饰大小不等的珍珠。冠顶镶着一颗烟灰色的宝石，整体色调融合统一，极为雅致精巧。

综上所述，花丝技艺作为宫廷技艺，历经各朝各代不断的传承、发展，各具特色、独领风骚。传统技艺现今依旧熠熠生辉，为现代设计提供源源不断的灵感。设计师们将从历史中提取、蜕变、升华，结合当代的审美和消费观念，创造新的设计文化。

图 17　金丝凤凰王冠

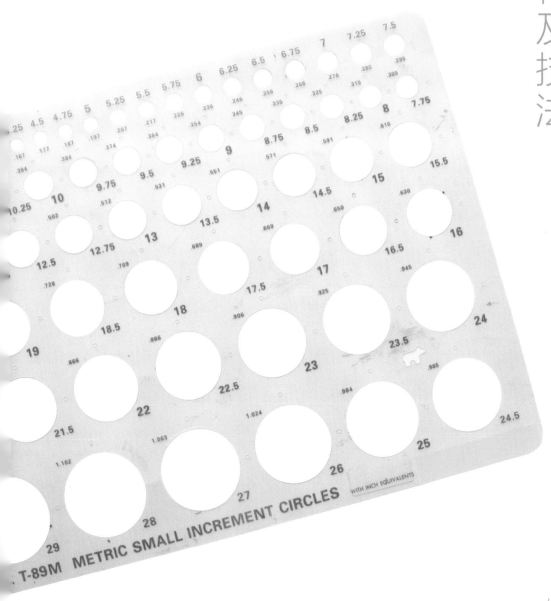

第二章

花丝技艺的

相关工具材料及技法

第一节 花丝技艺的主要设备及工具

测量及记号工具（图 18- 图 32）

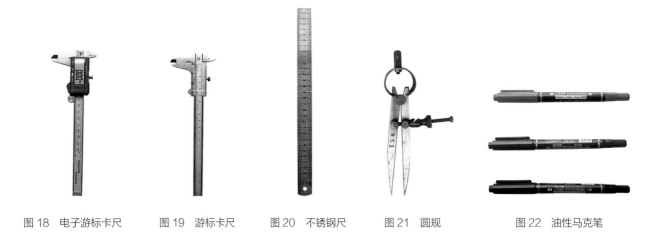

图 18 电子游标卡尺 　 图 19 游标卡尺 　 图 20 不锈钢尺 　 图 21 圆规 　 图 22 油性马克笔

图 23 不锈钢圆片 　 图 24 港围量棒 　 图 25 手镯围量圈——活动式 　 图 26 电子秤

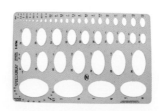
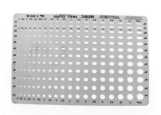
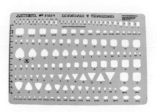
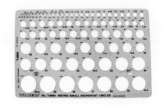

图 29 T-97M 椭圆等距模板尺 　 图 30 T-991M 小规格椭圆模板尺

图 27 手捻钻 　 图 28 港围量圈

图 31 T-777-1 宝石模板尺 　 图 32 T-89M 小增量圈模板尺

成形工具（图 33- 图 48）

图 33　戒指扩大缩小器

图 34　手动剪板机、卷板机、折弯机三合一

图 35　手摇压片机

图 36　四方窝砧

图 37　长方形窝砧

图 38　坑铁

图 39　窝珠作 / 冲头

图 40　牛角砧

图 41　四方铁

图 42　不锈钢手镯
　　　　整形棒

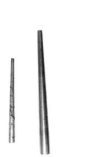

图 43　不锈钢戒指整形棒

图 44　小方锤

图 45　胶锤

图 46　不同型号卷线棒

图 47　拱丝制子

图 48　花丝制子

锉修工具（图 49– 图 51）

图 49　什锦锉　　　　　　　图 50　半圆钢锉刀　　　　　　图 51　铜丝刷

焊接工具（图 52– 图 61）

图 52　台式火枪　　　图 53　卡式气喷火枪　　　图 54　焊接台　　　图 55　蜂窝焊砖

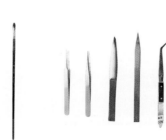

图 60　硼砂

图 56　焊接镊　　　图 57　直嘴反弹夹　　　图 58　笔刷　　　图 59　各类焊接镊

图 61　烧杯

抛光工具（图 62– 图 79）

图 62　吊磨机

图 63　正反转打磨机

图 64　磁力抛光机

图 65　双头超声波清洗机

图 66　金属打磨头 / 旋转锉

图 67　不同材质的抛光磨头工具

图 68　首饰白布轮

图 69　抛光蜡

图 70　砂纸

图 71　明矾

图 72　不锈钢明矾碗

图 73　银器上光布 / 擦银布

图 74　洁光剂

图 75　玛瑙刀

图 76　带柄玛瑙刀

图 77　钢压

图 78　双面海绵抛光条

图 79　酒精

切割工具（图 80– 图 86 ）

图 80　斜口钳 / 水口钳

图 81　电工剪钳

图 82　剪钳

图 83　TSK 黑柄剪刀

图 84　锯弓

图 85　锯条

图 86　黄蜂蜡

熔金工具（图 87– 图 89 ）

图 87　条状油槽　　图 88　方形油槽　　图 89　石英坩埚

弯折工具（图 90– 图 93 ）

图 90　圆嘴钳

图 91　尖嘴钳

图 92　扁嘴钳

图 93　老虎钳

支撑固定工具（图94–图98）

图94　台虎钳

图95　G字夹

图96　戒指木夹

图97　木台塞

图98　火漆微镶球

其他工具（图99–图104）

图101　筛网

图103　502胶水

图99　珐琅炉数显温控

图100　清洁刷

图102　不锈钢小铲子

图104　硫化钾

防护工具（图 105– 图 112 ）

图 108　橡胶指套

图 105　口罩

图 106　白手套

图 107　牛皮隔热手套

图 109　乳胶指套

图 110　护目镜

图 111　防护服

图 112　隔音耳罩

第二节　花丝技艺的主要原料

"采金为丝，妙手编结，嵌玉缀翠，是为一绝。"恰当地说明了花丝镶嵌的特点，反映出人们对工艺精雕细琢、对形制富丽华贵的追求。花丝镶嵌作为中国传统金银器制作的代表之一，展现的是丝的艺术，其利用贵金属的延展性把金或银等金属材料拉制成细丝，经过掐、填、堆、垒、编、织、攒、焊等八项主要的技法，制作成精美的首饰或者器物。由此可见，花丝技艺对金属丝具有较为严格的标准要求。

一、黄金

黄金的元素符号为 Au，源于拉丁文，有"闪亮曙光"的含义。黄金独特的金黄色光泽为作品增添了不少魅力。其具有耐高温、稳定的化学性质及良好的抗腐蚀性（除浓盐酸和浓硝酸的混合物外，几乎不与其他酸碱溶液产生反应）。黄金还具有良好的延展性，是众金属中拉力最强的，乃首饰制作的佳选。1 克黄金理论上能拉成长达 2500 米的金丝，可锻碾成厚约 0.001 毫米的金箔。

由于纯金质地较软，且易磨损变形，故常与银、铜等其他金属配置成合金。常见的黄金合金（K 金）有：10 K 金、12 K 金、14 K 金、18 K 金、20 K 金、22 K 金，不同配比的黄金合金可呈现不同颜色，颜色变化较为微妙。K 金的使用不仅降低了金属的成本、提高了饰品的实用性，更为作品增添了特殊色彩。但在花丝技艺中，金属丝质地需为软丝，因此不同成分的 K 金有不同的用途。

K 金名称	金（%）	银（%）	铜（%）	用途
14K 金	58.53	10	31.47	镶嵌用金
	58.53	31.5	9.97	硬花丝用金
	58.53	41.47	—	软花丝用金
18K 金	75.1	12.4	12.5	镶嵌用金
	75.1	17.8	7.1	硬花丝用金
	75.1	24.9	—	软花丝用金
20K 金	83.5	6.5	10	硬花丝用金
	83.5	16.5	—	软花丝用金

二、银

银的元素符号为 Ag，源于拉丁文，有"月"的含义。银是金属中对光线反射率最高的，具有较强的导电性和导热性。银易与空气中的水分及二氧化硫或硫化氢发生反应，从而失去光泽，氧化变黑。银亦具有较好的延展性，1 克银理论上可拉成长达 1000 米的丝，可锻碾成银箔。为提高银的硬度，可在其中加入 7.5% 的铜配制成 925 银。

三、焊药

焊药是一种合金材料，用以接合金属。常用的焊药有金焊药、银焊药、铜焊药等，按照金属含量的比例配置而成。焊药的选择与所焊作品的材质、工艺有关。一件作品中需多处焊接，根据焊接顺序的先后选择不同熔点的焊药，先焊接的熔点高，而后次之。

金焊药是黄金、银和铜的合金，或可加少量的低熔点金属：锌、镉或锡。根据接合金属的颜色与 K 数选择颜色相近及 K 数接近的焊料。

金焊药成分配比参考表

焊药	金（%）	银（%）	黄铜（%）	锌（%）	镉（%）
12K 金焊药	50	16	20	4	—
14K 金焊药	58.5	11	25.5	—	5
18K 金焊药	75	3	6	—	16
22K 金焊药	87	—	—	—	13

银焊药是银、铜、锌的合金，含银越少，合金的颜色越黄。银焊药可加工锻制成片状、条状、线状、粉状，不同工艺要求用不同的银焊药。

① 超高温银焊药：熔点最高的银焊药，其熔点接近 925 银的熔点，在使用过程中应谨慎小心。此银焊药多用于烧制珐琅前的焊接。

② 高温银焊药：经得住多次反复焊烧，不易开焊。当作品出现需要多个点或面的焊接，应先使用高温银焊药焊接，而后用中温银焊药、低温银焊药。

③ 中温银焊药：焊药的性能中等，用途最为普遍。

④ 低温银焊药：熔点较低，具有较好的流动性及渗透性，可用于作品的最后焊接。

银焊药成分配比参考表

焊药	银（%）	铜（%）	锌（%）	熔点（℃）	流动点（℃）
超高温银焊药	80	16	4	721	810
高温银焊药	75	22	3	740.5	787
中温银焊药	70	20	10	690.5	737.7
低温银焊药	65	20	15	671	718.3

第三节　花丝技艺的种类及技法

花样丝有多种表现形式，较为常用的花样丝有十多种，可借助于不同的辅助工具及技法来制作以下几种常见花样丝：

正花丝、反花丝、巩（拱）丝、门洞丝、赶珠丝、祥丝、码丝、麦穗丝、小辫丝、螺丝、立扁素丝等。

一、银丝的制作

1. 将9999纯银碎料进行称重，确定所需银料的重量及合适的坩埚尺寸大小。（图113）

2. 条锭倒进油槽前薄薄地刷上一层食用油，可起到隔离防护的作用。（图114）

3. 使用新坩埚前，为避免银水粘结在新坩埚内侧，需预先在坩埚内侧撒上干硼砂，烧熔形成保护层。（图115）

图113

图114

图115

图116

图117

图118

4. 将银料放至坩埚内，保持焊台周围干净整洁，且无可燃易燃物。（图116）

5. 用大火焰先将坩埚预热，而后将火焰对准碎银进行快速熔解。（图117、图118、图119）

6. 当银达到熔点时，将开始慢慢熔化成液态。（图120）

7. 查看坩埚内银水的状态，若出现小银块无法熔解时，撒适量硼砂，可起到助熔的作用。（图121）

8. 熔解银水的时间不可过长，否则会影响银的品质。（图122）

9. 用火钳稳固夹取坩埚边缘，并适当地摇晃，观察银水是否完全熔解。无银子粘在坩埚内，且可自由流动，表面呈镜面效果，形似蛋黄即可倾倒。

倾倒溶液前，应先预热油槽，倒注的过程中，依旧需要不断地加热坩埚口，并快速精准地注入油槽中。（图123）

10. 放置冷却后即可取出，检查银条的重量及质量，若银条出现断裂，则需要重新熔解。（图124）

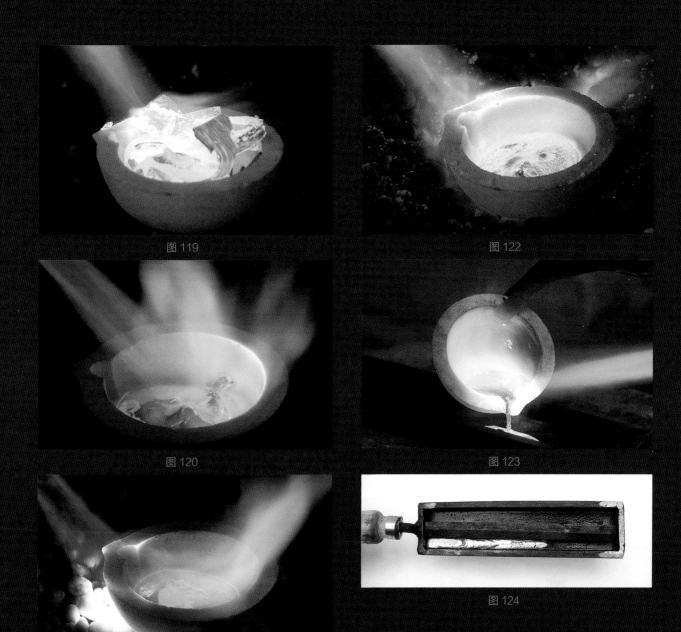

图119

图122

图120

图123

图124

11. 锉修银条上的晶质物，浸泡于稀酸溶液中去除表面杂质。（图 125）

12. 大钳子夹取银条，用光滑干净的铁锤锻打银条成方形体，其间需要适时退火。（图 126）

13. 大致修整成形即可。（图 127）

14. 退火等待碾压成条。（图 128）

15. 根据银条粗细对应碾压机上大小不同的压丝槽，由大至小依次进行碾压。经过反复碾压的银条会变硬，再进行碾压易导致银条断裂，则需立即退火。用碾压机轧至合适大小时，改用拉丝板操作。（图 129）

16. 借助手动碾压机将银条的一端压轧成锥形，较细的一端便于插入拉丝板的孔眼中。（图 130、图 131）

图 125

图 126

图 127

图 128

图 129

图 130

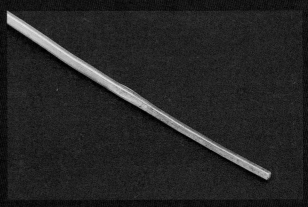

图 131

17. 拉丝板有正面和反面，带有数字的为正面，孔洞较大的为反面。预先在拉丝板反面刷上些许润滑油，助于银丝表面更光滑。银丝的尖端应从拉丝板的反面穿向正面，拉丝板正面伸出约 1.5 厘米长的银丝，以便夹取抓牢。（图 132）

18. 根据银丝的粗细，选择合适大小的拉丝板孔洞，拉丝板夹具夹住银丝尖端处。（图 133、图 134、图 135）

19. 由大孔洞到小孔洞依次进行拉丝，直至达到所需银丝直径即可。（图 136）

二、花丝的制作

正、反花丝：是花丝中的最基础丝样，向正方向搓丝为正向花丝，反方向搓丝为反向花丝。搓丝是花丝技艺中至关重要的一步，所搓制花丝的好坏影响后期制作成品的效果。

图 132

图 135

图 133

图 136

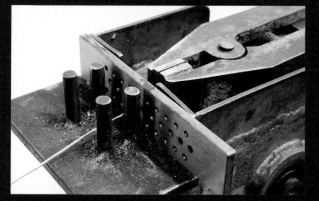

图 134

1. 将一根经过退火的圆素丝对折，银丝中间对折处拧出 1 厘米的麻花状（需注意所拧的方向与之后搓丝的方向均保持一致）。（图 137、图 138）

2. 将银丝对折处按压于搓丝板下，右手持搓丝板，左手掐住并轻绷银丝，银丝后端不能有所转动。搓制过程中始终保持银丝成直线状态，若用力过度，花丝易断；用力过松，花丝易不均。在轻绷银丝的过程中右手可同时进行搓丝的动作，只可朝一个方向不停顿地搓。搓丝的力道与速度要保持均匀，否则易导致麻花丝不均匀，并且在后期继续搓制的过程中容易打结或搓断。（图 139）

3. 亦可左手持平嘴钳夹取银丝末端。（图 140）

4. 搓丝的过程中需勤退火，使其在反复搓丝时不易断。退火时可用一根银丝捆紧束圈，用大软火将其退至通红，切勿用火过猛致其熔化。（图 141）

图 137

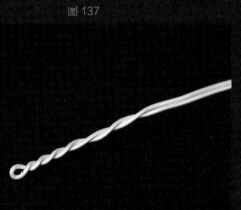

图 138

图 140

图 141

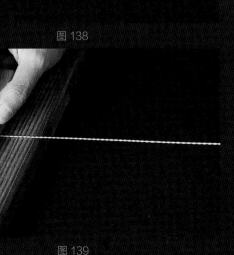

图 139

5. 两线交缠较为均匀。（图 142）

6. 在搓丝过程中，请勿踩踏已退过火的银丝。已搓至一半的银丝经踩踏，变得松散变形，在后期搓丝过程中易导致银丝折断。（图 143）

7. 每一次搓完银丝后，都需要捋顺银丝，以免在后期制作过程中出现花丝结节。（图 144）

8. 手触摸银丝没有卡顿的粗糙感，较为平滑，即两条丝线为一体的触感。由于纯银丝的侧面不光滑，不退火的银丝侧面可保持光滑，退火后的银丝侧面碾压后容易产生毛疵。搓完后无需退火，直接压制成扁花丝。（图 145）

9. 现较为娴熟的手艺人已借用吊机进行搓丝，将银丝的左端固定于吊机钻头上，右端以尖嘴钳固定，放置在平面上进行搓丝，通过均匀的转速完成花丝制作。用这样的方式可以搓较长的花丝，且大大提升效率，但此方法不易掌握，需要更大的耐心和细心。在使用吊机搓丝中，银丝退火后头尾进行交替搓丝，越长的银丝在搓丝的过程中，速度应越为缓慢。

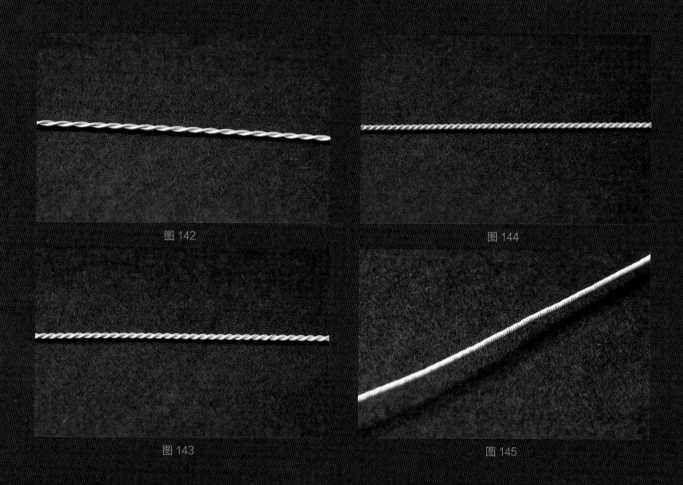

图 142

图 144

图 143

图 145

麦穗丝：一根正向花丝与一根反向花丝紧密贴合成麦穗状，紧密平行合焊在一起即可。此花样丝多用于装饰边缘，丰富作品细节。（图 146）

竹节丝：与正、反花丝搓制手法相同，将单根扁丝均匀搓制即可，其完成后的样式颇像竹子造型，故得其名。

1. 搓制方式与正、反花丝一样。（图 147）

2. 由于扁丝的滚动力没有圆丝圆滑，在此建议左手使用尖嘴钳夹取固定银条末端。（图 148、图 149）

3. 扁丝在搓丝过程中易打结，需要轻绷银条进行适时调整。（图 150、图 151、图 152）

簧：顾名思义其形状如同弹簧，呈螺旋形。取一根笔直的不锈钢丝为所做簧的内轴，此不锈钢丝的粗细尺寸即为簧内直径大小。将一根圆素丝手动缠绕至不锈钢丝约 1 厘米。（图 153）

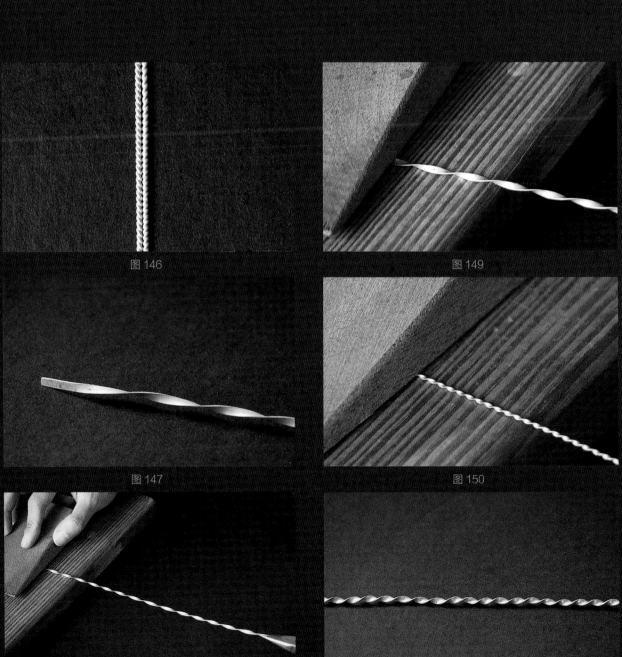

图 146

图 149

图 147

图 150

1. 左手按掐着不锈钢丝与银丝，二者之间呈 90°，右手用搓丝木匀速单向推进，力度均匀。左手要掐紧，保证所搓的丝线之间密度紧致。若簧线间隙比较松散，有可能是角度出现偏差，需停下重新整理，向前推移后再继续。（图 154）

2. 搓至所需长度即可。（图 155、图 156）

3. 取出不锈钢丝，即为簧。（图 157）

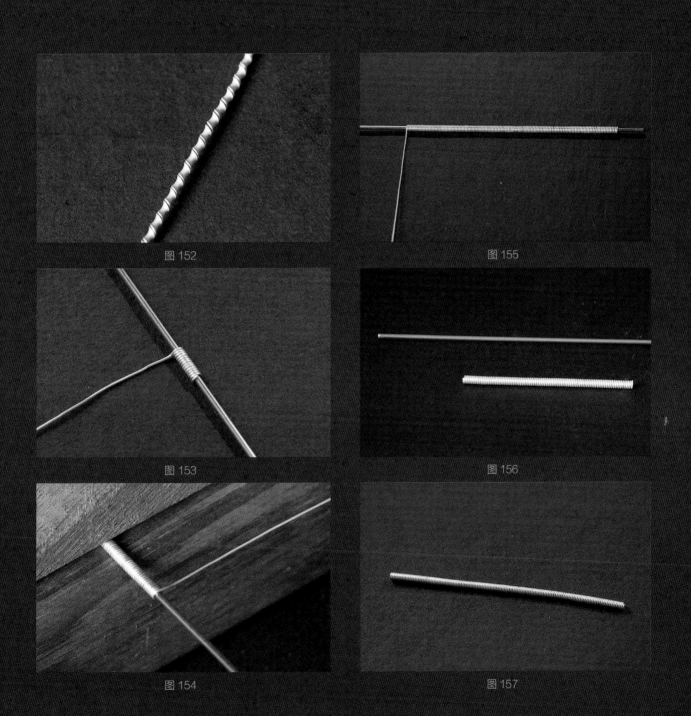

图 152

图 155

图 153

图 156

图 154

图 157

祥丝：制作技法如同簧，但不需要抽出内轴丝。注意：祥丝中间的内轴应使用未经过退火的银丝，因其具有一定韧性，在掐住的过程中银丝不易变形。（图 158）

码丝（垒丝）：将簧放搓丝板上压平即可。现今为提高效率，亦可使用压片机将其压扁。但不可压得太过，使得素圆丝依旧能够保持原状。（图 159、图 160、图 161）

巩丝（拱丝）：单股素扁丝在拱丝制子上穿插缠绕成"8"字形，抽出挤压成形。

1. 首先是拱丝制子的制作。取一根圆木棍，将木棍头尾两端锉平，选取其中一端钉入两根粗细相同的钢丝，钢丝之间的间距则决定巩丝大小。钢条留于木棍面上约 1 厘米即可。（图 162、图 163）

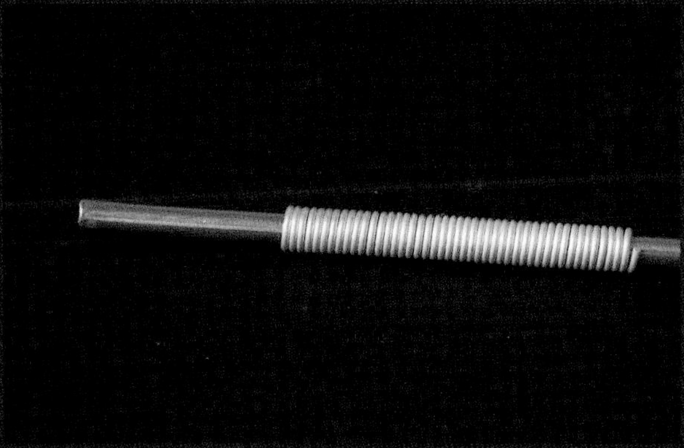

图 158

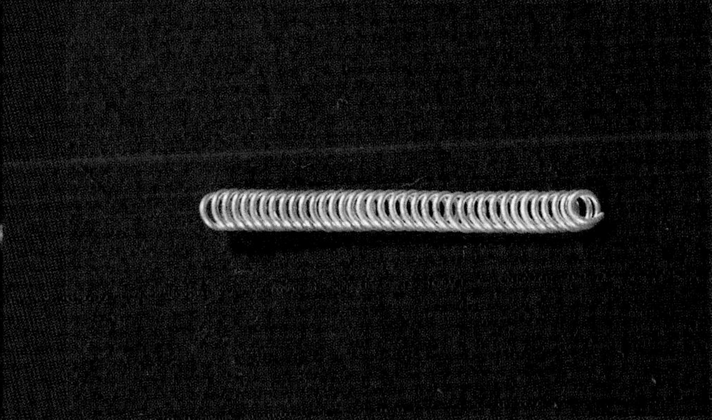

图 161

图 159

图 162

图 160

图 163

2. 将一根退过火合适宽度和厚度的素扁丝垂直立面穿过拱丝制子上的两条钢丝之间。（图 164）

3. 左手轻绷素扁丝，右手逆时针转动木棍 180°，再反向转动木棍 180°，使其成为拱形。在转动木棍时，素扁丝应紧贴于钢丝侧边，若松离，则易导致所做的拱丝大小不均。（图 165、图 166）

4. 取出拱丝，将圆形环套入红色钢丝针，左手轻绷素扁丝，右手顺时针转动拱丝制子 180°。（图 167、图 168）

5. 当达到一定长度时，可无需将拱丝取出，再重新套入至钢丝中。左右手需同时进行以下操作：左手食指轻拨前半部分已经拱好的银丝，使其拨离红色钢针且形状没有太大的变动幅度，右手随之转动拱丝制子。（图 169、图 170）

图 164

图 167

图 165

图 168

图 169

图 166

图 170

6. 左右手需同时进行以下操作：左手大拇指轻拨前半部分已经拱好的丝样，使其拨离原色钢针且形状没有太大的变动幅度，右手随之转动拱丝制子。（图 171）

7. 重复以上动作直至合适长度即可抽离拱丝制子。拱完的丝样如图。（图 172）

8. 将上一步制好的拱丝退火待用。（图 173）

9. 放于方铁或平面上用镊子将其一点点向前堆进成"8"字形，退火待用。（图 174、图 175、图 176）

图 171

图 174

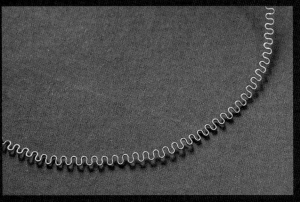

图 172

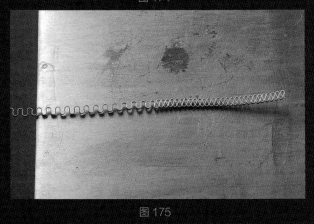

图 175

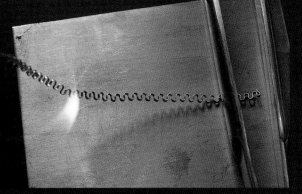

图 173

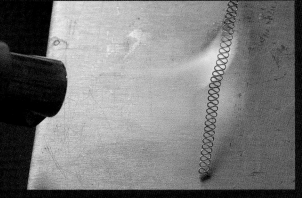

图 176

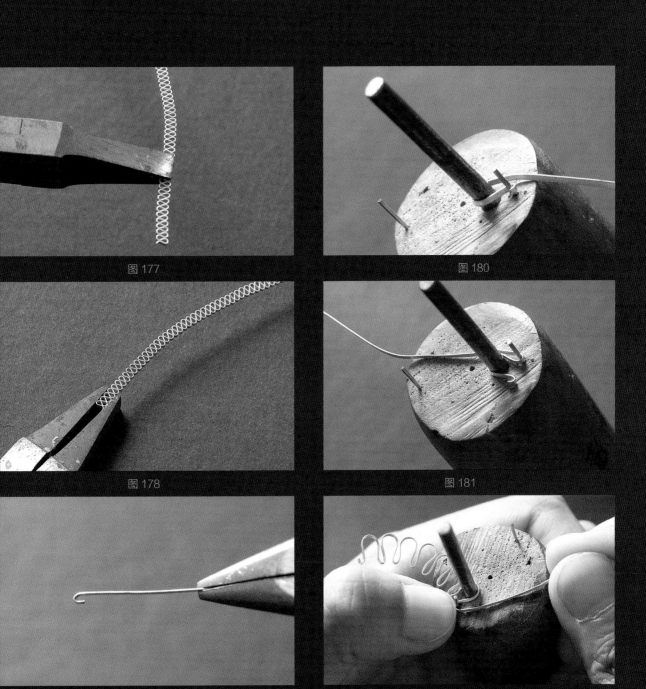

图 177

图 180

图 178

图 181

图 179

图 182

4. 如此循环往复以上动作，直至绕出所需的长度即可。（图 183）

5. 用平嘴钳夹紧转折点，两根银丝片紧密贴合且高度平齐，最后用镊子将每个弧度调整均匀即可。（图 184）

小松丝： 将一定长度的簧绕成圆圈，点焊接口位置即可。其为花蕊的常用技法。（图 185）

凤眼丝： 两股素圆丝搓成花丝，但不可搓太过紧致，使用压片机压平即可。

小辫丝： 可采用三股或多股圆丝或扁丝，用女孩小辫子样式的编法编织而成。

将粗细、型号、长度一致的花丝对齐后固定在一端，每一股丝都需要保持一致，处于一个平面上，编制过程中用力松紧一致，使其保持较为均匀的状态。若出现大小略有出入，可进行微调，使其更为美观。（图 186、图 187、图 188）

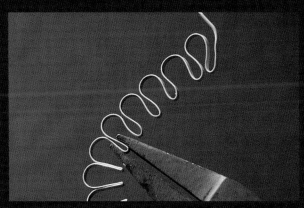

图 183

图 186

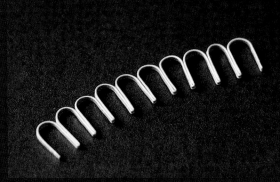

图 184

图 187

图 185

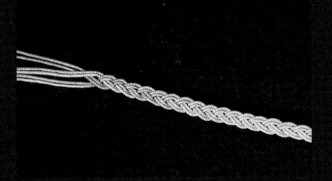

图 188

套泡丝：将完全相同的多根簧根据间距套索在一起，形成面状后拉开。将第二根簧螺旋套捻入第一根簧中，而后将第三根簧螺旋套捻入第二根簧中，以此循环反复直至所需宽度。最后将其平铺于方铁上，用方锤均匀碾压。为提高制作效率，现多是机器批量生产制作。（图189、图190、图191）

拉泡丝：螺丝之间相互套索。

抿丝：多根花丝放置于平面上，紧密贴合，焊接即可。

披棱丝：在扁素丝上用刀削出一个斜面，其横截面呈不规则梯形。

蔓丝（旋螺纹）：又称唐草纹。素扁丝卷曲成卷草形态，常用于填二方连续图案或藤蔓。螺旋纹可进行 5 ~ 6 个小批量制作，将粗细、型号、长度一致的花丝对齐后固定于一端，用 502 胶水黏合。掐制成卷草状后，退火散开。（图192、图193、图194、图195、图196）

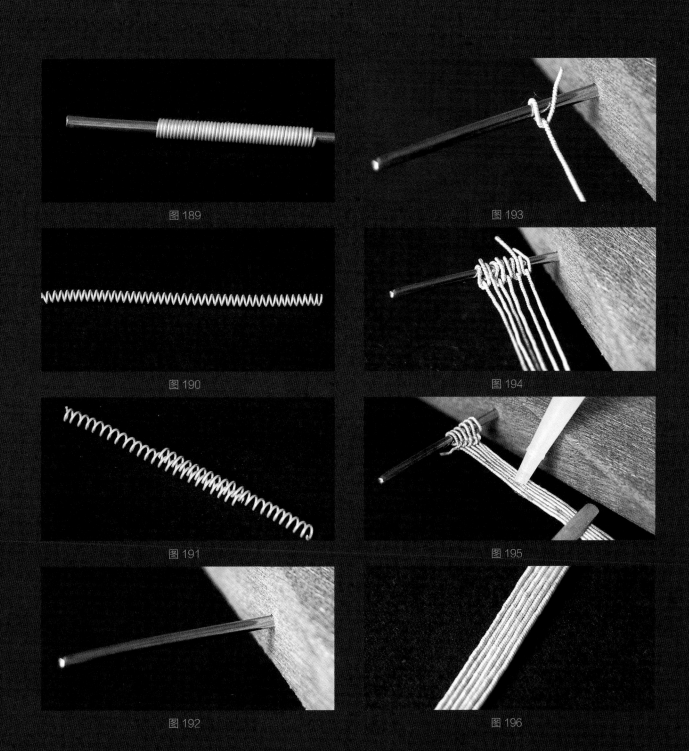

图 189

图 193

图 190

图 194

图 191

图 195

图 192

图 196

三、花丝技法

掐：花丝技艺可认为是一种掐丝技艺的展现。掐丝的技法有：捋、捏、弯、拧、夹，多是运用于作品的轮廓造型上。捋即是捏住银丝，用干净平直的镊子将银丝捋挺直，力度不可过度，要均匀，否则容易将银丝捋变形。掐丝的精准好坏决定了花丝工艺品的优劣。

掐丝考验的是手上功夫，灵活度的把控，镊子是掐丝技艺中最为重要的工具。在掐丝过程中镊子始终保持直立，素扁丝截面需始终保持垂直于平面，且上下面应水平于平面，不可过度起伏。掐丝的转折弧度要顺滑、圆润，转折角度要利落干脆。在掐制转折处时不可来回折腾银丝，需一步到位，否则素扁丝会出现扭曲现象，影响作品的美观。反复练习能够加深掐丝的精准度及流畅度，从而做到所掐物件惟妙惟肖。

填：填丝要保持丝面高矮一致，关键在于所用银丝的宽度是否一致，所绕的银丝是否疏密适当，均是对制作者眼力的考验。在填丝过程中，银丝不够紧致容易松散，可借助 502 胶水进行固定。填丝过程中要反复退火，用镊子挤压夹紧银丝，保证丝线的紧密贴合。

攒：攒即是组装，攒的方式有平攒、叠加攒和部件攒。平攒是将平面的花丝样连接在一起；叠加攒是将各个平攒的花丝样层层攒接；部件攒是将所有零件组合成整体。在攒接前，应谨慎分析图纸最终效果，需要全局合理安排攒接的先后顺序，切勿反复调整攒接。

焊：焊接是花丝技艺中技术要求最高的一道工序。对于不同的大小、面积、层次等都有不同的要求。焊药的选择与焊接火力的掌握十分关键。要根据饰件焊接的顺序和部位来配置不同熔点的焊药。由于红焊药的流动性比黄焊药强，故在焊接胎体外框架时应使用黄焊药，焊接花丝时应使用红焊药。焊接过程中焊药的量要运用得当，筛药需均匀。

堆：堆即堆灰，在花丝技艺的学习中属较难掌握的技法。所谓的堆灰即是用白芨和木炭按一定比例所调和而成的胎体，花丝进行焊接后胎体则会灰飞烟灭，只剩镂空的花丝框架，故得堆灰之名。

垒：分为平垒与立体垒两种。平垒即多层花丝垒叠焊接。立体垒中常用实胎堆垒技法与堆灰技法，二者均是在立体胎体上填码花样丝，所填的丝必须要紧凑贴合，不可留有缝隙。可采用焊垒与粘垒的技法。焊垒即将独立攒焊后的花丝分体多层焊垒结合一起。因需多次焊接，焊垒对焊药的运用较为考究，将高温、中温、低温焊药合理地运用掌握至关重要。

编：用扁丝或圆素丝按照一定的规律编成平面或立体。由于银丝具有延展性，在编制过程中不可过度拉扯银丝，易导致丝线粗细不均。花丝中所运用编的技法与我们日常所见的竹编、草编、玉米皮编等较为近似，只是它们所采用的编织材料有所不同而已。由于金属的特性，在编织过程中，金属丝线易打结，且经过反复揉搓弯折易折断，这使得编织难度大大提升。

织：单股或多股经纬交叉制成网状纹样。织的表现形式较为单一，目前常见的织的纹样有套泡纹与拉泡纹。

花丝技艺中的几道工序环环相扣，前期的准备工作没有做好，则影响作品的最终效果；后期的焊接把握不得当，易前功尽弃。花丝最考验手艺人的心细及耐性，掐得准、填得匀、攒得全、焊得牢、堆得齐、垒得紧、织得直、编得平，可谓是花丝手工艺人的最高水平要求。

第一节 案例一《十二生肖之猪》

一、材料

素圆丝（直径：0.8mm）

扁花丝（宽度：0.8mm，厚度：0.4mm）、（宽度：0.7mm，厚度：0.35mm）

素光面扁丝（宽度：0.8mm，厚度：0.16mm）、（宽度：0.7mm，厚度：0.45mm）

银片（厚度2mm）

二、制作步骤

1. 将 0.8mm 素圆丝用银丝捆扎绑紧，软火进行退火。由于集中加热银丝某处，易导致银丝快速升温达到熔点，应快速移动火枪进行全面退火，银丝整体通红即可。而后放置于方铁上进行自然冷却。（图 197）

2. 找寻一个与不锈钢模板片大小相近的圆柱体。圆柱体的外径尺寸即为不锈钢片的内径尺寸。（图 198）

3. 围绕一圈后标记节点。（图 199）

4. 用锋利的剪刀裁剪所需要的长度。（图 200）

图 197

图 199

图 198

图 200

5. 由于银丝有一定的厚度，导致在绕圈时银丝外径大于不锈钢模板片的内径。将裁剪后的圆框放入不锈钢模板片中，裁剪时应多预留约 1mm 银丝，使银丝与模板片挤压塞入后紧密贴合。切不可裁太小，否则在后期制作过程中容易脱落。（图 201）

6. 使用平面砂纸棒将圆形框架的两端银丝打磨平整，使银丝两端相接后可完全贴合。（图 202）

7. 剪下一小块高温焊料，镊子烧热后蘸取一些硼砂，焊料烧成小球，点焊圆形框架的接口处。（以下绕制过程中均无需焊接，只需焊接最外圈即可。）（图 203）

8. 焊接好的银圈，挤压放入不锈钢模板片中。

放置技巧：先放一半银圈，左手按压固定后，右手用镊子将多余的部分慢慢挤压推入。若不够平整，可用镊子进行微调。（图 204、图 205）

9. 将扁花丝（宽度：0.8mm，厚度：0.4mm）用尖嘴钳修整平齐。（图 206）

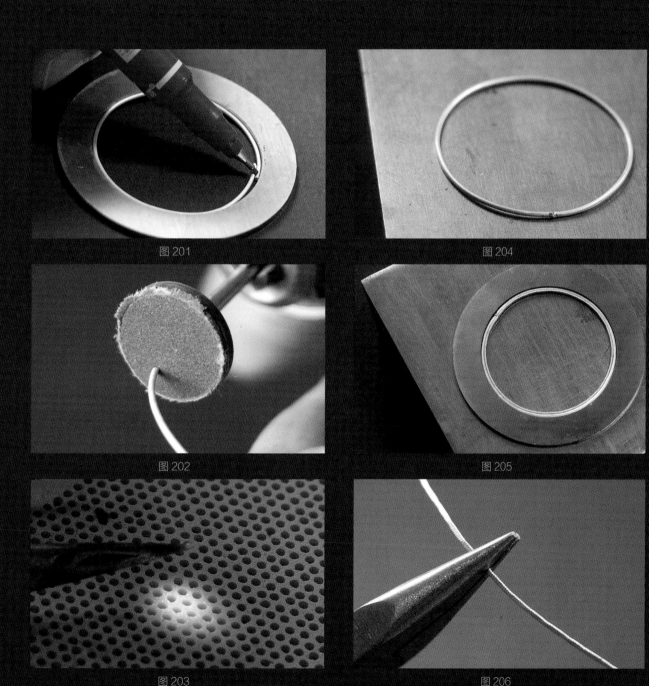

图 201

图 204

图 202

图 205

图 203

图 206

10. 与绕制素圆丝的方式相同，将绕好的扁花丝挤压填至第二圈（扁花丝长度需多预留约 1mm）。（图 207、图 208）

11. 用平嘴钳将退火后的拱丝修整平齐，将绕好的拱丝挤压填至第三圈。由于拱丝的挤压空间较大，可多预留约 3mm。将拱丝剪口处与第二圈银丝内壁贴合，修整自然，看不出缝隙。（图 209、图 210）

12. 填拱丝的技巧：将大部分的拱丝放入内圈，按住接口位置，将剩余的拱丝挤压塞入第三圈。塞填的过程中越紧致越好，确保不要破坏拱丝的形状且间隙均匀。（图 211、图 212）

图 207

图 208

图 209

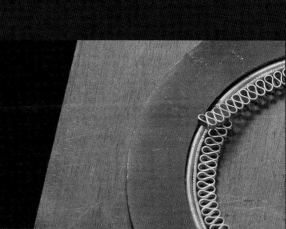

图 210

图 211

图 212

13. 第四圈填扁花丝圈，若不够规整，可用镊子不断调整至合适。（图 213、图 214）

14. 裁剪长度为 10cm 的素光面扁丝（宽度：0.8mm，厚度：0.16mm），并标出中心点的位置。（图 215、图 216）

15. 将素扁丝一端放入针眼孔中。（图 217）

16. 顺时针紧致旋转，转至中心点位置停止。（图 218）

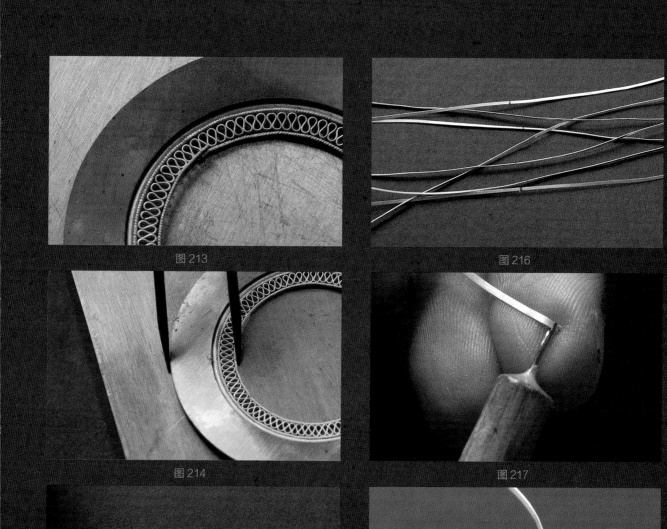

图 213

图 216

图 214

图 217

17. 素扁丝的另一端以相同方式旋转靠近中心点位置。（图219、图220）

18. 由于在旋转的过程中易导致银丝上下不平齐，可用镊子尾端平面处将退火后的花丝样压平整。（图221）

19. 用干净的镊子将其掐修紧密美观，二者大小形状近似正圆即可。（图222）

20. 修整后的小圆挤压放置，围成第五圈。（图223）

21. 此处检验是否填紧的最好方式：小心地用镊子夹取不锈钢模板片至一定高度，中间所填的每一层物件无一掉落。要有足够的自信才敢有此举动。（图224）

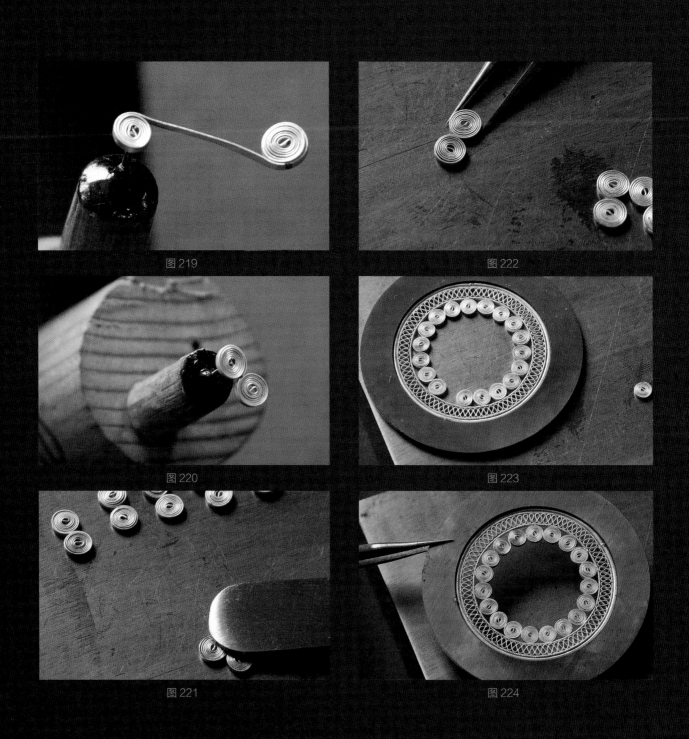

图219

图222

图220

图223

图221

图224

22. 采用以上相同技法填满第六、七、八、九圈。第六圈为扁花丝。（图 225、图 226）

23. 第七圈为拱丝。（图 227）

24. 第八圈为扁花丝。（图 228）

25. 第九圈：长度为 8cm 的素扁丝"8"字圆。（图 229）

26. 最后一圈的长度不确定，可多绕制几圈，调整后裁剪合适直径即可。最后一个大圆一定要紧塞放入，否则容易导致整体松散垮塌。（图 230）

图 225

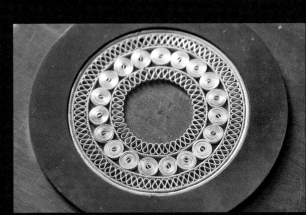

图 228

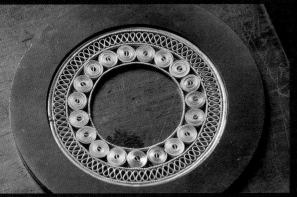

图 226

图 229

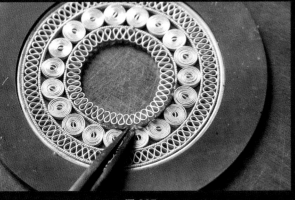

图 227

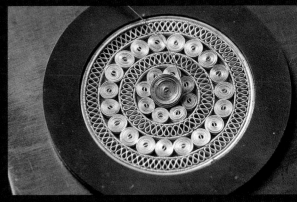

图 230

27. 镊子夹取不锈钢片，检验银件整体紧密度。零部件不掉落，即可从不锈钢片中取出。（图 231）

28. 取出前可用镊子尾端平面处将整体压制平整；若零部件掉落坍塌，则需重新进行内部零部件大小的调整。故每一步都需要小心谨慎。（图 232、图 233）

29. 平刷一层烧热的硼砂水，将花丝焊粉均匀撒在填丝正面。（图 234）

30. 焊接过程中，焊粉不宜撒得过多过密，当作品的缝隙已经达到饱和状态，剩余的焊粉则无法渗透至内部，终将残留于物件表面。（图 235、图 236）

图 231

图 234

图 232

图 235

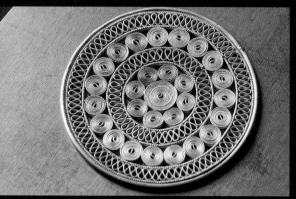

图 233

图 236

31. 取一根麻花钻（直径 1.4mm）在银片（厚度 2mm）上钻出猪鼻子的两个孔，两孔的圆心距为 3mm。（图 237）

32. 圆尺中找到合适大小的椭圆（长度 9mm，宽度 6.4mm），绘制猪鼻子的轮廓。（图 238、图 239）

33. 锯条垂直于银片，大拇指抵住银片，锯条靠于大拇指盖可准确定位锯口的位置。在切锯的过程中应使用到整根锯条，而不是集中于锯条的某一段上下切割。切割曲线的过程中，银片与锯弓的转动速度应缓慢一致。过快地转动银片易折断锯条。（图 240）

34. 用半圆锉刀锉修上一步骤所锯的截面，锉修过程中应考虑外框造型是否规整，若有所偏差，可用锉刀整修合适。（图 241）

图 237

图 240

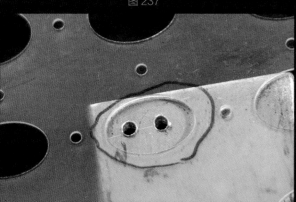

图 238

图 241

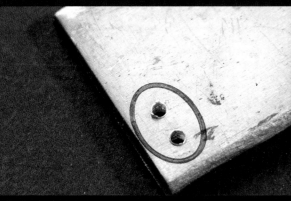

图 239

图 242

35. 分别用 400 目、600 目、800 目砂纸卷进行侧面打磨抛光。（图 242）

36. 与猪鼻子的制作步骤相同，制作一对猪耳朵。宽度 9mm。（图 243、图 244、图 245、图 246）

37. 所有平面部分的打磨抛光都应放置在光洁的方铁上操作。（图 247）

38. 为了确保焊接的美观性，可将适量的中温焊料预先烧至猪鼻子的背面。（图 248）

图 243

图 246

图 244

图 247

图 245

图 248

39. 随后把猪鼻子放于脸部的合适位置，整体加热作品直至焊料融化即可。（图 249）

40. 同猪鼻孔的焊接方法，将猪耳朵放在恰当的位置。（图 250）

41. 猪耳朵固定不变，随即可完成焊接工作。（图 251）

42. 圆丝直径为 0.8mm、吊坠圈的内径为 2mm。（图 252）

43. 于素扁丝（长度为 40mm，宽度为 0.7mm，厚度为 0.45mm）中点处锉修角度约为 30°，注意不可锉太深，弯折后易折断。（图 253、图 254）

图 249

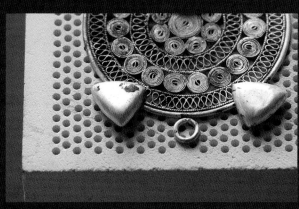

图 252

图 250

图 253

图 251

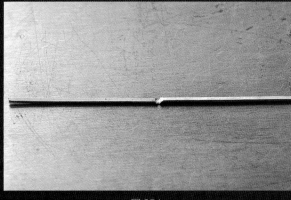

图 254

图 255

图 258

图 256

图 259

图 257

图 260

48. 圆嘴钳放于吊坠片的中心轴处，对折弯出吊坠扣的形状。（图262、图263）

49. 焊接完成后将作品放于明矾水中，加热不锈钢明矾杯约3分钟，去除作品表面的杂质，煮完后的银件变得更为洁白。（图264）

50. 可再用800目、1000目、1200目、1500目砂纸卷抛光实体银片部分，而后用抛光条进行最后的抛光，让其焕发金属光泽。使用吊机进行抛光应更为小心，不留神则易导致作品变形，或触碰到所填的花丝部分。（图265）

51. 作品展示。（图266）

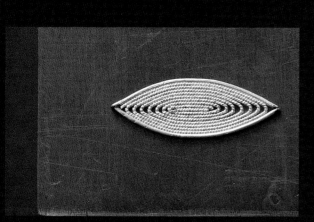

图 261

图 264

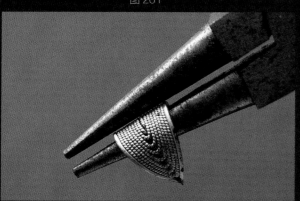

图 262

图 265

图 263

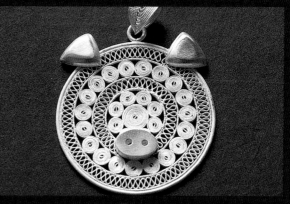

图 266

一、材料

素扁丝（宽度：0.85mm，厚度：0.6mm）

扁花丝（宽度：0.85mm，厚度：0.27mm）

素圆丝（直径：0.83mm）

设计图：（图267）

二、制作步骤

1. 取一段素扁丝（宽度：0.85mm，厚度：0.6mm），用尖嘴钳将其修整平直后，退火待用。紧贴光面圆柱体（直径：40.5mm）围绕一圈。（图268）

2. 将绕好的银丝外框放回图稿进行比对，调整外框准确性，并标注银丝外框末端的位置点。（图269）

3. 用方形锉刀锉修所标注的位置点。

注意：应是在圆形银丝框架的内圈中锉修角度。（图270）

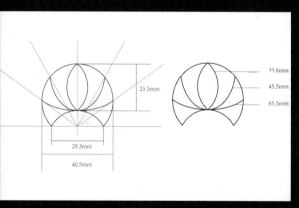

图 267

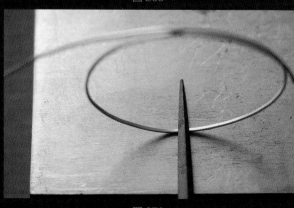

图 269

图 268

图 270

4. 银丝外框的另一端围绕光面圆柱体（直径：33.6mm）一圈。小心绕制，切勿把上一步骤锉修点折断。（图271）

5. 重新放回图稿进行最后一个结束点的定位，再次调整银丝框架弧度的准确性。而后裁剪框架多余的部分。（图272）

6. 由于裁剪的角度具有随机性，可使用平面砂纸棒辅助磨出合适角度。（图273）

7. 制作外框的过程中，应与图稿进行不断的比对矫正弧度，确保框架的准确无误后用高温焊料焊接。（图274）

8. 使用量角器辅助标注出内框线条的每一个点，从左往右点的度数为35°、60°、90°、120°、145°。（图275）

9. 分别围绕光面圆柱体（直径：33.6mm、直径：45.5mm、直径：65.5mm）制作内框，与图稿比对后取其弧度的部分长度。（图276）

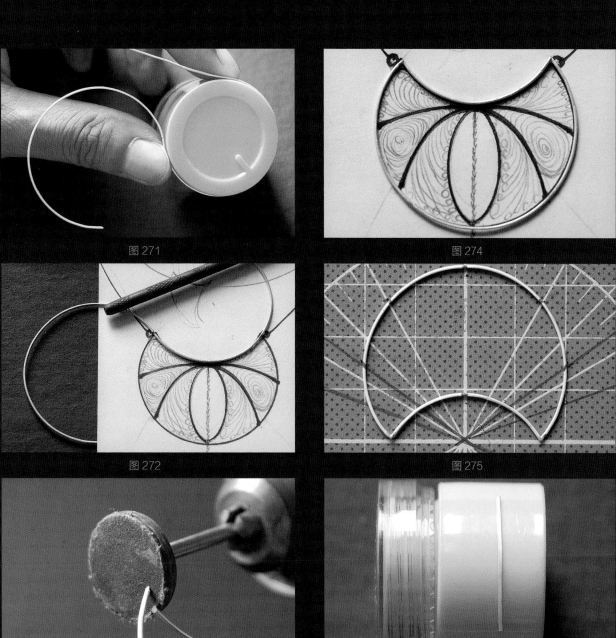

图271

图274

图272

图275

图273

图276

10. 对称线条应完全重合。（图277）

11. 放入内框线条时，注意银丝首尾两端的角度是否符合半圆外框的弧度。（图278）

12. 将所有内框银丝框架调整准确后用高温焊料焊接。（图279）

13. 初次学习填大面积花丝的过程中，若出现花丝外翘、脱离外框的情况，可用牙签蘸取502胶水，进行局部点粘。切不可蘸取太多502胶水，易导致丝面残余过多502胶，后期填丝不够紧密。（图280、图281）

14. 均匀撒上焊粉。（图282）

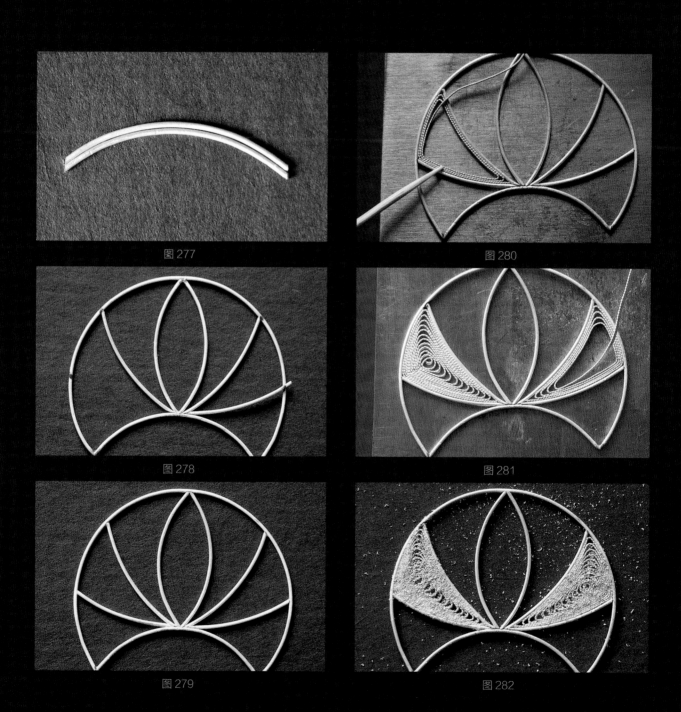

图277

图280

图278

图281

图279

图282

15. 将已填丝的部分焊接完成。（图283）

16. 剩余部分可填花丝小蔓，扁花丝一端用镊子绕制"6"字形，裁剪出尾部合适长度。（图284、图285）

17. 所填每个"6"字小蔓都需掐制均匀流畅，"6"字圈大小可统一，也可以掐制出大小渐变的圈，"6"字长尾弧度调整至自然状态最佳。填丝需疏密得当，并且紧密无缝。（图286、图287）

18. 填充长度渐变的花丝时，应按从小到大的顺序进行填充，长度的变化要自然。（图288、图289）

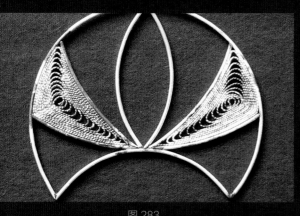

图283

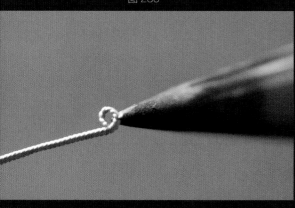

图284

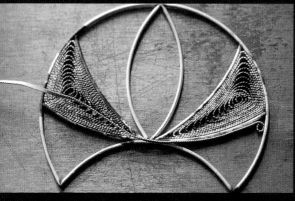

图285

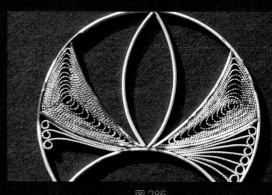

图286

图287

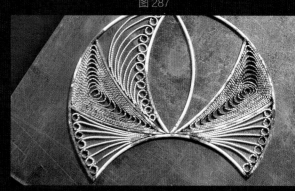

图288

19. 由于小蔓花丝空隙较大，且接触点较小，除焊粉的焊接方式外亦可采用点焊技法实现。（图290）

20. 焊接过程中要眼观八方，切勿将较细的银丝烧熔。（图291）

21. 剪一个开口较大的银圈。（图292）

22. 将开口放于平面砂纸上磨平。（图293）

23. 圈口用低温焊料焊接在作品下弧线的中心点。（图294）

24. 焊接好后连接一小段链条。（图295）

图290

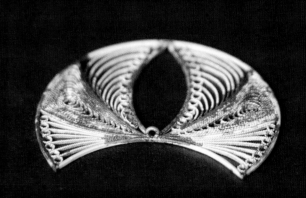

图293

图291

图294

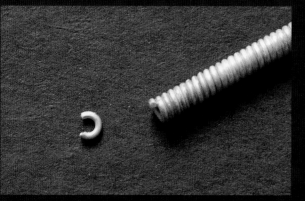

图292

图295

25. 平放在焊砖上，局部烧热后用低温焊料焊接吊坠环。（图 296）

26. 放置明矾水中烧至约 3 分钟，作品白净即可。（图 297）

27. 将一根与珍珠孔径大小相符的银丝穿入其中。多预留 2mm 后裁剪。（图 298）

28. 用低温焊料在所裁剪的银丝上焊接一个小银环，焊接之前可将银链串连好。（图 299）

29. 以同样的制作技法，可延伸制作出吊坠。（图 300）

30. 作品展示。（图 301）

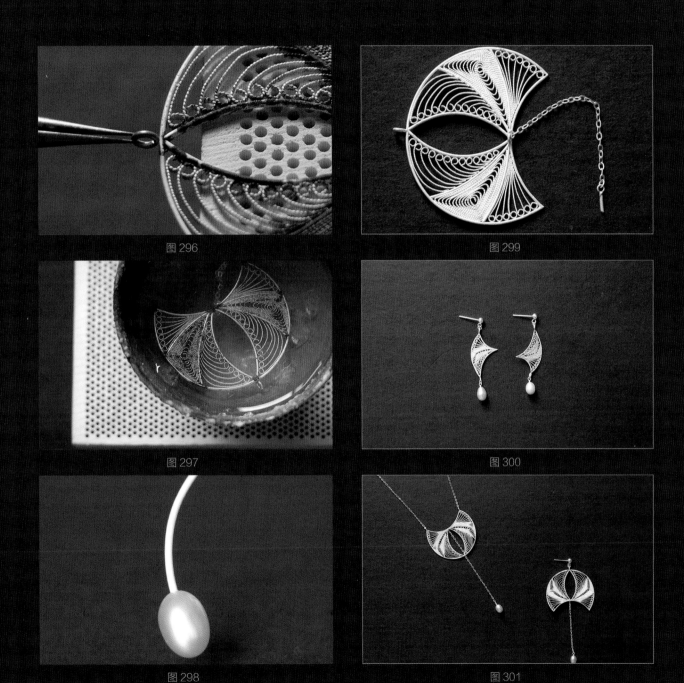

图 296

图 299

图 297

图 300

图 298

图 301

第三节 案例三《琼华》

一、材料

素圆丝（直径：0.85mm）

扁花丝（宽度：1mm，厚度：0.35mm）

素扁丝（宽度：1mm，厚度：0.4mm）

二、制作步骤

1. 用尖嘴钳将已退火的素扁丝（宽度：1mm，厚度：0.4mm）折出一个小弯钩。（图302）

2. 如图所示，将小弯钩钩住细钢丝，以细钢丝为起点，银丝绷直后紧贴着粗钢丝顺时针旋转。（图303）

3. 取出银丝，以粗钢丝为起点，银丝围绕着细钢丝逆时针旋转。（图304）

4. 如此循环往复以上动作，直至绕出所需的花瓣数量即可。（图305）

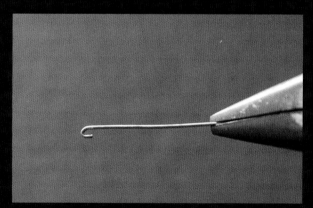

图 302

图 304

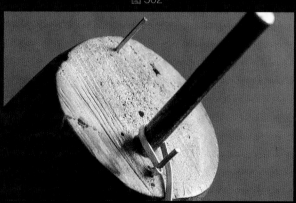

图 303

图 305

5. 用平嘴钳夹紧两个花瓣中间的缝隙，两片银丝紧密贴合且高度平齐。（图 306、图 307）

6. 用镊子将已退火的花瓣头尾对齐绕成一个完整花形。（图 308）

7. 首先焊接花瓣的接口边，固定好花形后，用镊子不断地调整每个花瓣向中间聚拢，使中间的空隙呈一个小圆形，若花瓣数量为偶数，则相对的两个花瓣边应处于一条直线上。根据个人眼力，不断地调整花瓣的形状。确定好花的形态后将每个相邻的花瓣边焊接牢固。此步骤一定要焊接妥当，以便在后期敲制花形弧度的过程中，花瓣不易炸开，避免重复制作。（图 309）

8. 用大小渐变的细棍（此处作者使用的是现成不锈钢筷子）将每一个花瓣扩展调整至统一尺寸。（图 310）

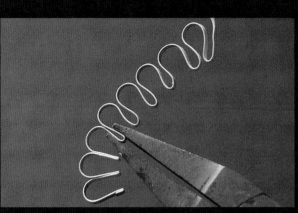

图 306

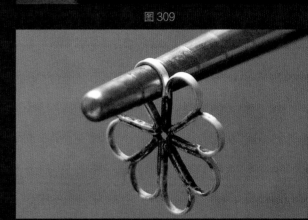

图 309

图 307

图 310

9. 选取已退火的扁花丝（宽度：1mm，厚度：0.35mm）平填每一个小花瓣（图311、图312）

10. 填好后，稍加退火，用镊子尾端平面处按压整平。（图313）

11. 重复以上的步骤制作大花朵。（图314）

12. 对折一根素扁丝（长度：26mm、宽度：1mm，厚度：0.4mm）。（图315、图316）

图 311

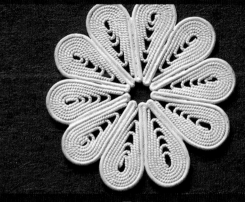

图 314

图 312

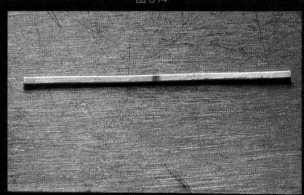

图 315

图 313

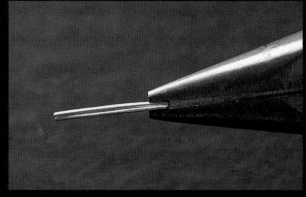

图 316

13. 银丝两端向外展开后成一条直线，并退火待用。（图 317）

14. 如图所示，银丝绕制于戒棒上，紧密贴合又不破坏对折处的形态。（图 318）

15. 用平面砂纸棒辅助磨修花瓣两端角度。（图 319）

16. 重复以上步骤制作大小相等、弧度相同的 5 个大花瓣，每个花瓣银丝两端的角度要契合至中间缝隙处。（图 320）

17. 用高温焊料焊接固定 5 个大花瓣位置。（图 321）

18. 取小段已退火的扁花丝（宽度：1mm，厚度：0.35mm）用镊子手动绕出螺旋纹，螺旋纹的大小可根据具体造型进行调整。（图 322）

图 317

图 320

图 318

图 321

图 319

图 322

19. 将每个花瓣填满螺旋纹丝样，每个螺旋纹之间要相互挤压，严丝合缝。（图 323）

20. 填好的螺旋纹刷上烧热的硼砂水。（图 324）

21. 撒上适量焊粉，整体加热烧红即可。（图 325）

22. 焊接完成后，应仔细检查每一个螺旋纹花样丝焊接是否牢固，若发现有松动的，可用低温焊药进行二次点焊。（图 326、图 327）

23. 重复花瓣的相同技法，制作第二层花朵。（图 328、图 329、图 330）

图 323

图 324

图 325

图 326

图 327

图 328

图 329

图 330

24. 将调整好的花朵，用圆嘴钳的尖端部位掐制花瓣的造型。（图 331、图 332、图 333）

25. 将调整好的花朵，用圆嘴钳的尖端部位掐制花瓣的造型。（图 334）

26. 可使用镊子手动窝制纹样。此纹样的间隙较为松散，可多绕制几圈，而后调整尺寸大小，退火待用。（图 335）

27. 左右手均持镊子，左手的镊子夹住中心点位置，所有银丝向一边集中靠拢，右手所持的镊子向右侧逐渐捋成锥形。（图 336）

图 331

图 334

图 332

图 335

图 333

图 336

28. 将每一个花丝瓣重新退火整形，用镊子尾部平整处平按花丝面，使其更为平整。（图 337）

29. 焊接好的花朵，将填丝的底面朝上，放于窝作上敲打出所需要的弧度。（图 338、图 339）

30. 同样的方法制作最小花朵，不需要填丝。（图 340、图 341）

31 将素丝花瓣放到窝作中整形。（图 342）

图 337

图 340

图 338

图 341

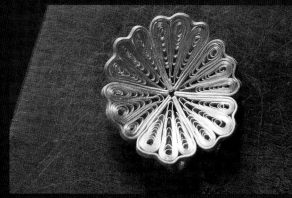
图 339

图 342

32. 截取一根与珍珠孔径大小相同的银丝，约 2cm 长，插入直径约 4mm 的花丝卷中心。（图 343）

33. 焊接牢固。（图 344）

34. 根据银丝的直径选择粗细相同的麻花钻，在花中心钻出孔洞。（图 345、图 346）

35. 将中心轴插入花朵底片的孔洞中，焊接固定。（图 347）

36. 将第二层与第三层花瓣放置中心轴中，焊接固定。（图 348）

图 343

图 346

图 344

图 347

图 345

图 348

37. 焊接完成后将作品放于明矾水中，加热不锈钢明矾杯约 3 分钟，去除作品表面的杂质，煮完后的银件变得更为洁白。并检查是否焊接牢固。若出现摇晃，则需重新焊接。（图 349）

38. 于素扁丝（长度为 40mm，宽度为 1mm，厚度为 0.4mm）中点处锉修角度约为 30°，注意不可锉太深，弯折后易折断。（图 350）

39. 用平面砂纸棒磨修两端的角度，合并后角度约为 30°。（图 351）

40. 用尖嘴钳修整出吊坠平面图的大致形状。（图 352、图 353）

41. 内扁花丝（宽度 1mm，厚度 0.35mm）绕填一半时，可进行退火，用镊子夹得更为紧致。（图 354）

图 349

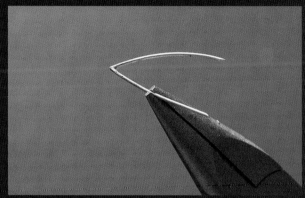

图 352

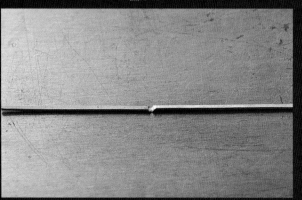

图 350

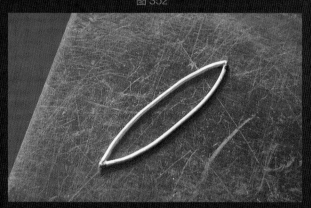

图 353

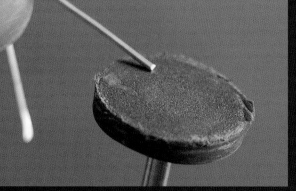

图 351

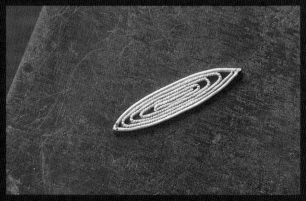

图 354

43. 圆嘴钳放于吊坠片的中心轴处，对折弯出吊坠扣的形状。（图356、图357）

44. 将吊坠扣焊接至合适位置。（图358）

45. 作品展示。（图359）

图355

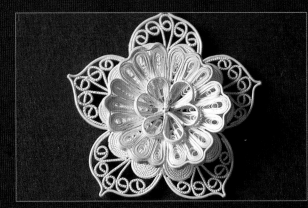

图358

图356

图359

图357

第四节 案例四《拂》

一、材料

素圆丝（直径：0.85mm）

扁花丝（宽度：0.85mm，厚度：0.35mm）

素扁丝（宽度：0.85mm，厚度：0.54mm）、（宽度：0.85mm，厚度：0.37mm）

二、制作步骤

1. 准备两个不锈钢模板片。（图360）

2. 经退火的素扁丝（宽度：0.85mm，厚度：0.54mm）绕直径为27mm的不锈钢模板片一圈，裁剪接口处，并将银丝首尾两端用平面砂纸棒磨修贴合，而后用高温焊料焊接成正圆框架。（图361）

3. 取一段笔直的素扁丝（宽度：0.85mm，厚度：0.54mm），用方形锉刀锉出90°直角，并弯折成一个长16mm、宽6mm的开口长方形框架，高温焊料焊接。（图362）

4. 用平嘴钳进行二次调整，使银丝更为挺直。（图363）

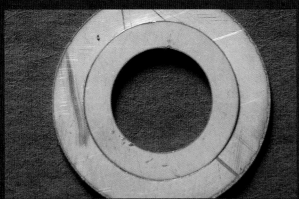

图 360

图 362

图 361

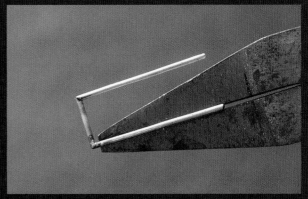

图 363

5. 将修整好的矩形框架焊接至圆形框架的中心对称处。（图 364）

6. 取一段素扁丝（宽度：0.85mm，厚度：0.37mm）制作第二圈矩形框，长 15mm、宽 5mm，由于是开口框架，新手在平填花丝的过程中，扁花丝易翘脱框架，此处可以用牙签蘸一点 502 胶水，轻点于丝线开端处予以固定。（图 365、图 366）

7. 平填完成后可统一退火，重新整理内部花丝的紧密度。（图 367）

8. 涂上烧热的硼砂水，再撒上焊粉，等待焊接。（图 368）

9. 由于第二个矩形框架与第一个框架贴合较为紧密，故边框上不宜残留有焊料，在后期进行其他部件的焊接过程中，两个矩形边框易相黏合。需打磨已焊接好的矩形边框，此步骤应将框架边放置在方铁上进行打磨，使其平整。（图 369）

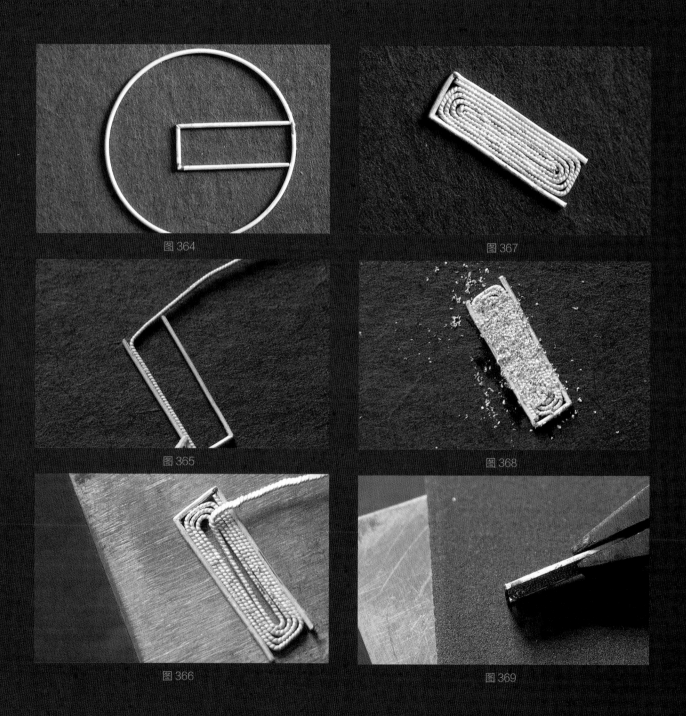

图 364

图 367

图 365

图 368

图 366

图 369

10. 将处理完成的矩形片用中温焊料焊接至中心处。矩形片的底部及左右最好留有一定的空隙，便于后期弯折矩形片。
（图 370）

11. 用尖嘴钳或圆嘴钳将矩形片缓慢夹至一定弧度。（图 371、图 372）

12. 用白乳胶刷一层圆形框架的底部。（图 373）

13. 放于平整的活粘纸之上，等待内部填花样丝。（图 374）

14. 将已退火的扁花丝（宽度：0.85mm，厚度：0.35mm）缠绕至直径为 1.2mm 的不锈钢丝上。（图 375）

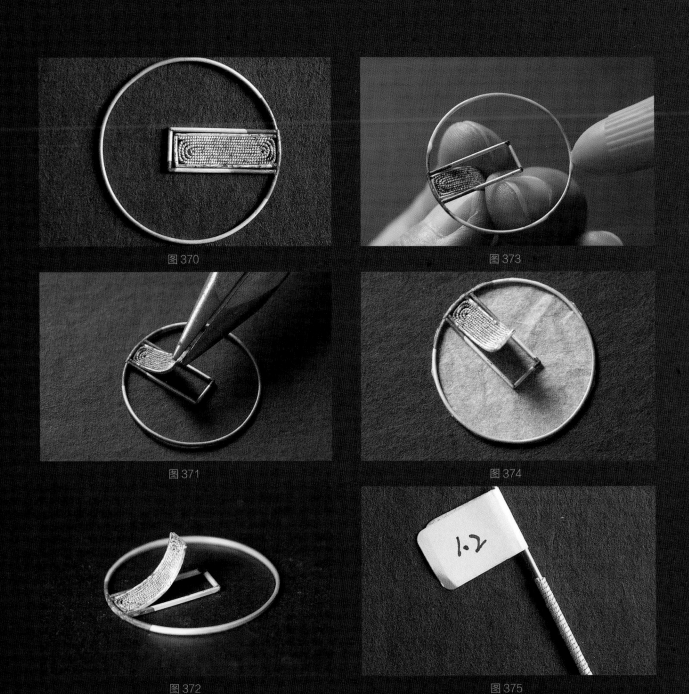

图 370

图 373

图 371

图 374

图 372

图 375

15. 取下扁花丝簧，再一次进行退火待用。用锋利的剪刀裁剪每一个小圈。（图 376）

16. 剪出的每一个小圈都是不规整的，使用镊子尾端的平板面将小圈压平。（图 377）

17. 用镊子将每一个小圈——整圆，考验制作者的耐心。（图 378）

18. 每一个小圈底面蘸取适量白乳胶，有序地放于活粘纸上。边角位置并不足以构成一个整圆，需要将小圈修剪成合适尺寸后塞入其中。井然有序，考验眼力的同时，更需要的是耐心。（图 379、图 380、图 381）

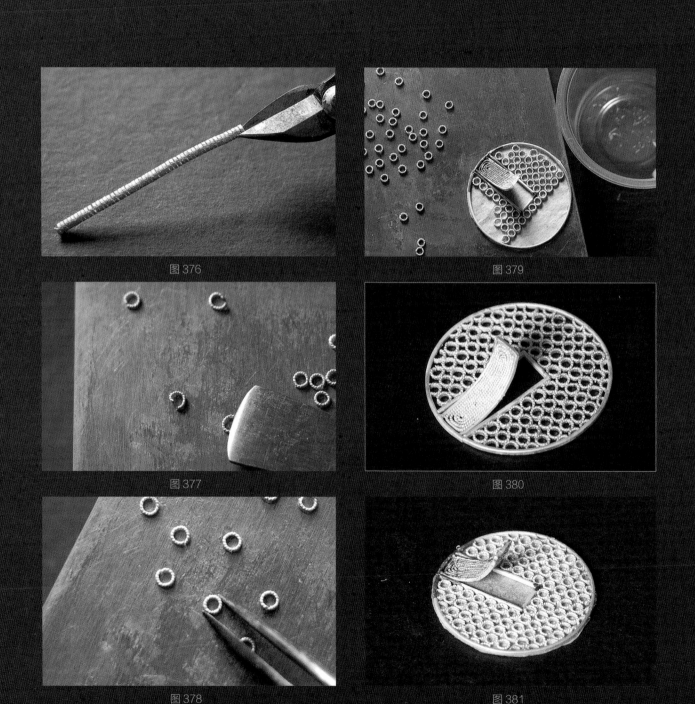

图 376

图 379

图 377

图 380

图 378

图 381

19. 涂上已烧热的硼砂水，撒上适量焊粉进行焊接。焊粉撒得太少，焊接不够充分，导致有些小圈未能焊上；焊粉撒得过多，当达到饱和时，有些焊粉将会残留在作品上，影响作品的美观度。（图382）

20. 焊接时，经火烧后的活粘纸与硼砂水易导致内部小圈向上膨胀，此时可用平整镊子轻轻向下按压，调整每一个小圈的位置。（图383）

21. 将作品放于明矾水里烧煮约3分钟，这一步可验证每个小圈是否焊接牢固，未完成焊接的部分将会掉落，须返工重新进行点焊。（图384、图385）

22. 焊接适长的链条。（图386）

23. 作品展示。（图387、图388）

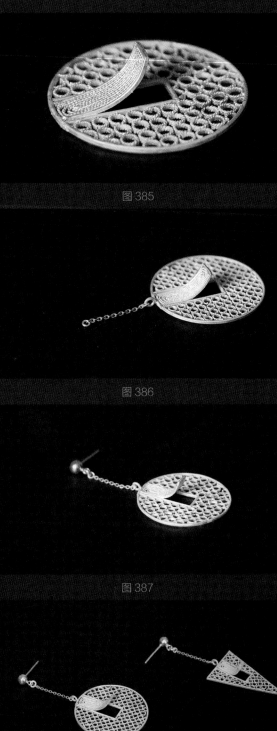

图385

图386

图387

图388

图382

图383

图384

《蜕变系列》
　　作者：郭新
　　材料：银、软陶
　　设计说明："蜕变"系列的挂件表现人性、
神性、魔性之间的争战、挣扎之痛——断、舍、离、
合。主要工艺采用民间花丝与综合材料相结合。

图389　蜕变系列

图 390　蜕变系列

《襟》

作者：姚西莹

材料：纯银、苗绣、南红

设计说明：采用贵州传统花丝錾刻工艺，结
合百鸟朝服的前襟设计，创作出富有现代气息的
首饰襟带。

图 391 襟

图 392 襟

图 393 异·灵

图 394 异·灵

《葳蕤》

作者：熊媛媛

材料：银

设计说明：将苗族婚嫁颈饰变形，配以流苏
背饰，花丝表现枝叶繁茂、羽毛华丽的样子，敷
蕊葳蕤，落英飘飘，富有层次感。

图 396　葳蕤

图 397　葳蕤

《归·谧》之一

作者：李桑

材料：银

设计说明：现代都市的快节奏，打乱了人们内心的平静与灵魂的安宁，一切就绪的表面下潜藏着各种不定、迷茫、失落……作品旨在唤醒，回归本真，聆听内心，追求最原始的人性的平和。

图398 归·谧

《相遇》

作者：李桑

材料：银

设计说明：有的相遇是为了缘分，有的相遇是为了分离，更多的相遇是为了擦肩而过……对自己无可奈何的擦肩而过表示释怀，笑看路边风景，也是一种成长。作品采用传统的花丝工艺，力图以抽象、简洁的外形和纹样，一改传统花丝制品的繁复样貌，继续个人关于唯美、抽象、无序、似是而非的视觉语言的探索。

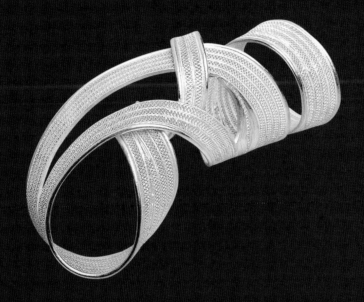

图 399　相遇

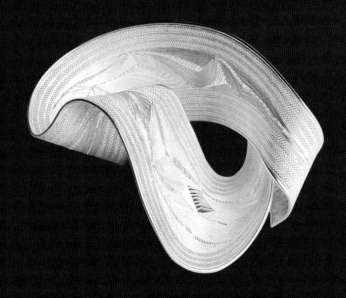

图 400　相遇

《山·合》

作者：周正飞

材料：纯银、乌木

设计说明：

作品创作灵感来源于传统水墨画中的山水、流云等意象。
采用传统的花丝技艺，利用首饰材料的广泛性，将纯银与乌木
结合。通过对创意、技法、材料的创新，达到对传统花丝简约
性与实用性的创新，增加花丝作品的现代生活气息。

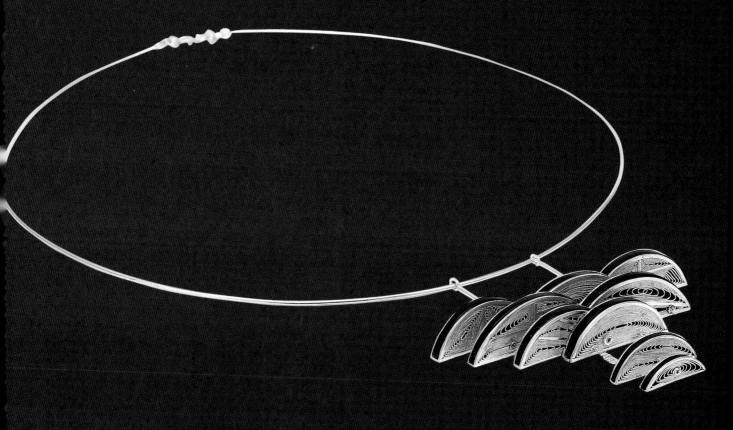

《山·合》

作者：周正飞

材料：纯银、乌木

图401 山·合

图 402　山·合

图 403　十二生肖

《十二生肖》
作者：彭星星
材料：银
设计说明：作品提取概括了十二生肖独特的形象特征，以几何简化的形式语言表现。虚实相生，生动且富有趣味性。

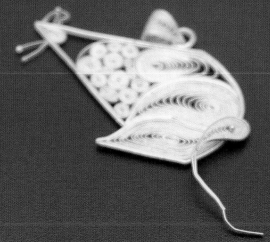

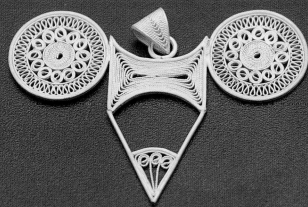

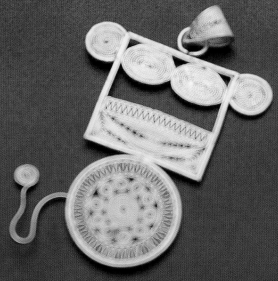

图 404　《十二生肖》
作者：彭星星
材料：银

图 405　领

图 406 领

《领》

作者：唐馨

材料：银、锆石

设计说明：作品以苗族花丝工艺为主，从假领时尚元素得到灵感，以领子、袖口为作品外框形式，花丝工艺作为填充内容，设计制作首饰作品。

图 407　时·舞

《时·舞》

作者：何怡露

材料：银

设计说明："穿花蛱蝶深深见，点水蜻蜓款款飞"就是说的蝴蝶在游戏时的景象。运用飞舞的蝴蝶表现出一种心情的灵动之感。

图 408 时·舞

花丝镶嵌

是我国历史悠久的传统工艺之一，属于金银细金工艺，是集合了花丝、镶嵌、錾刻、锤揲、点翠、珐琅、镀金等多门类技术的金属技艺。其中花丝技艺与镶嵌技艺是主要技艺，以金、银、各类天然名贵宝石为主要原料，尽显雍容华贵之气质，故花丝镶嵌制品深受历代帝王、贵族所青睐。2008年花丝镶嵌正式列入第二批国家级非物质文化遗产名录。

ISBN 978-7-5741-0859-2

9 787574 108592 >

定价：98.00元